JN224356

まんがでわかる クライオニクス論

未来を拓く新技術 実用的クライオニクスへの挑戦

監修 清永 怜信 博士（分子生物学）／脱DNAプロジェクト委員会

原作 橋井 明広 博士（理学）／脱DNAプロジェクト委員会

漫画 高原 玲

文芸社

はじめに

人間は、その生物種として定められた「寿命」を受け入れて、限りある時間の中で生きるしかないのか？

この人類にとって最大ともいえる問題について、恒久的に克服するための「一つの道順」の提示を、科学的観点から真正面に試みたのが本作品です。

ところで、「有限の寿命からの解放」つまり「不老長寿」を主題にした物語や説話は、古今東西において数多くありますが、これらの作品の殆どで「寿命を受け入れずに、生きることに執着する行為」は決まりごとのように「悪いことである」と否定されています。更には、「限られた時間の中で精一杯生きるから、人生は素晴らしい」と教訓めいた結論が提示されているのが常です。そして、人々に確かにあるはずの「もっと長く人生を楽しみたい」という願望や、「生物種としての限りある寿命を受け入れたくない」という思いに、これらの作品が「前向きな打開策」を示してくれることはありません。

寿命の限界を延長できるような科学技術が全く存在しなかった過去の時代であれば、このような「限られた時間の中で精一杯生きるから、人生は素晴らしい」という「生命観」を受け入れるのも仕方がないことです。しかしながら、科学技術が高度に発達し、そしてこれからも発展していく現代社会においても、この「生命観」は受け継がれていくべきものなのでしょうか？

それでは、本作品の登場人物たちと一緒に、この興味深いテーマについて探っていきましょう。

橋井明広

あらすじ

2018年の初夏、高校生物部の３人が「寿命の概念を変えるかもしれない」と考えられている、ある技術分野に興味を持つ。それは、「クライオニクス」という「生体凍結保存技術」で、３人はさっそく調査を始め、順調にクライオニクスについての情報を集めていくのだが……。

ある日、顧問の先生の前で調べた内容を報告している最中に、先生からクライオニクスの重大な問題について指摘を受ける。それは、「現在のクライオニクスは、有機溶媒を高濃度に含む溶液を多量に体内に入れる方法で行われている。そして、このような保管方法には無理がある。」という驚愕の内容であった。その後、有機溶媒の使用の問題について先生から説明を受け、納得する３人。「確かに、これでは無理だ。それでは今のクライオニクスって何？？」。落胆する３人であったが、顧問の先生がインターネットの書籍検索で『クライオニクス論』を発見し、生物部で読んでみようと購入する。「現職の研究者が書籍を執筆しているのだから、何らかの『解決手段』があるはず……」。

その後、『クライオニクス論』を軸に、この物語は進展していく……。

高校生物部の３人は、無事に「解決手段」を見つけ出すことができるのか？！そして、現在のクライオニクスにおける重大な問題の「解決手段」とは、いったい何であるのか？！

登場人物の紹介

杉田マナカ

高校二年生で、生物部の部長。3人しかいない生物部を存続させようと頑張っている。成績は優秀で、医学部を目指しているらしい。性格は好奇心旺盛で、独走しがち。強引で強気なところもある一方で、生物部が行ったカエルの解剖では気絶して倒れた経験がある。本作品の主人公。ある映画の原作を読んだことがきっかけとなり、生物部でクライオニクスについて調べようと言い出す。

宇田川ユキナ

同じく高校二年生で、生物部の部員。もとは化学部に所属していたのだが、生物部を存続させるためにマナカにより強引に化学部から引き抜かれて、生物部の部員になった。性格は天然。もと化学部員なので化学分野は詳しい。漫画を読むのが趣味で、名作といわれる作品は古い漫画まで読んでいる。

大槻ハルノ

同じく高校二年生で、生物部の部員。もとはバスケットボール部に所属。ひざを試合中に負傷して帰宅部になっていたところを、マナカが強引に生物部に入部させた。いつも冷静沈着で、しっかりした性格。

青木ミヤビ 先生

生物部の顧問の先生。生物部の３人の生徒にとっては母親的な存在。校内では美人と評判。生徒３人のディスカッションにも一緒に参加して、時には教師として厳しい指摘もする。高校の教諭になる前は、細胞工学の研究の仕事をしていた。

緒方ユウ 博士

ユキナの親戚で理学博士。脱DNAプロジェクトの関係者（？）らしい。生物部の議論に途中から参加し、現行のクライオニクスに存在する多くの問題点を指摘し、それらを将来的に解決すると予想される技術について説明する。ユキナからはユウちゃんと呼ばれている。

※本作品に登場する上記の主要登場人物の５人は、全て架空の人物です。

目次

クライオニクスとは何であるか？

CRYONICS

2018年　初夏
とある休日
ハア
ハア
よし、下り坂!
ジー
ジー
わー!
風が
気持ちいー!

図書館

涼しい〜

……とすると
このあたり……。
← 47
絵本
48 →
児童文学
う～んと……。
ポン
あっ
外国文学だ!

注1.1：『ゲド戦記』は、アーシュラ・K．ル＝グウィンにより執筆された児童文学で、『影との戦い』から『アースシーの風』までの全6巻が出版されている。ファンタジー小説の古典として、『指輪物語』や『オズの魔法使い』と並び称されている名作である。3巻目の『さいはての島へ』では、永遠の命を求める魔法使い「クモ」と、主人公である大賢人「ゲド」との戦いが描かれている。この3巻目を原作として、スタジオジブリにより2006年に映画化されている。

ハラ
ハラ

グズッ

おおお

パタン
さいはて

面白かった!!
さすが、
名作中の名作と
言われる作品ね!

でも、結局……、
永遠の命を求めた魔法使いは
原作でも悪役なのか。
※映画ではいきなり
竜に倒される
ゲドの宿敵の
魔法使い……。
魔法使い
「クモ」
もしかしたら、
原作では違う描かれ方を
されているのではと
期待したのだけど……。

自分の生命に限りがあることを受け入れられずに、
魔法使いは『生死両界を分かつ扉』を開ける……。
そんな彼が愚かな悪役に描かれているのは、原作でも同じ。
映画の『ゲド戦記』と変わらないわ……。
そして、彼の思いと行動により、
世界の均衡が崩れて破滅へ向かうという物語の設定までもが同じ……。

ストッ

ガチャ

あの魔法使いの
ように、生きることに
執着するのは、
そんなに
悪いことかしら??

ん??
あそこを歩いて
いるのは、
ユキナかな?
間違いない!
ユキナだ!
ユキナ発見!!

キキッ
あれ、マナカ!!
ユキナ!
今日は、お出かけ?

隣町まで買い物に
行った帰りだよ。
マナカは?
私は、今日は
市立図書館に
行ったの。
さすがは医学部を
目指す優等生!休日も
図書館で勉強なの!?
いや、ちょっと読み
たい本があってね……。
ジブリ映画の
『ゲド戦記』の原作を
読んだのだけど……。

ゴトン

はい。
ありがとう。

それで、原作も凄く面白かったのだけど……。
ふむ。ふむ。
でも結局、原作でもゲドの宿敵って、悪役だったのよね。

あ〜、あの永遠の命を求めた魔法使い？
そうそう。

ついに完成だ!!
なぜか、不老長寿を求めるキャラって、ほとんどの作品で悪役なのよね。
悪役ではなくても、不老長寿を求めた人物は、
なぜか物語の結末では決して幸せになれないのよ。
不老長寿の願いが叶わない悲劇的な結末の物語が多いし、
仮に奇跡的に不老長寿になったとしても、それは偽りの幸せでしかなく最後は後悔するとか……。

成し得ないものを
求めるから、
仕方がない
のかな??

それは……。

でも、古今東西、
どんな物語でも
共通して同じなのよ。
現代の作品ですら
科学技術の進歩なんて、
何も関係ないって感じで
……。

うーん。
マナカって変なところに
興味をもつのね？
そうかな？？

……。

『ゲド戦記』
永遠の命を求めた
魔法使い「クモ」
不老長寿を望んで、それを
追い求めることは悪であるという
大昔からの「生命観」を、
どの物語も固定観念
として同じように
受け継いでいる気が
するのよね。

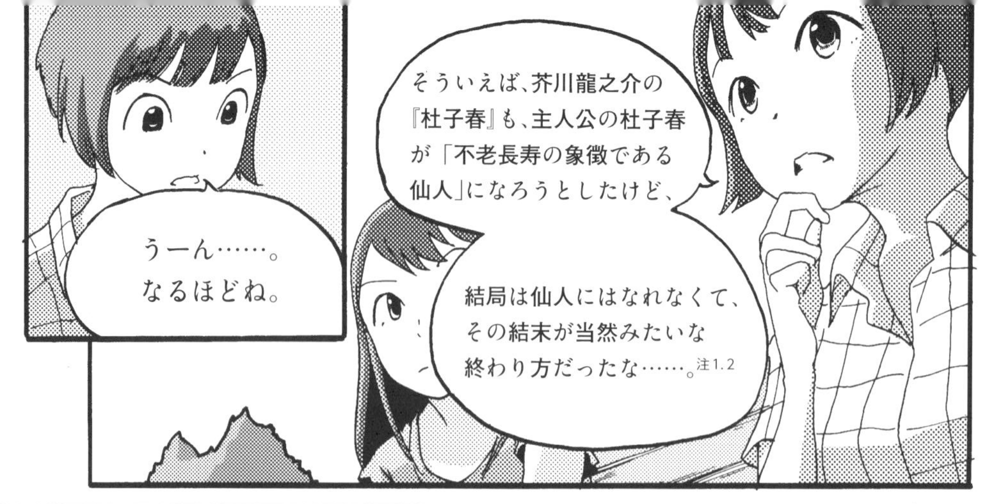

注1.2：芥川龍之介の『杜子春』は、中国の唐代の伝奇小説『杜子春伝』を原典として書かれている。原典の『杜子春伝』における杜子春の修行の目的は、仙薬（不老長寿の仙人になるための薬）を作ることである。

注1.3：『杜子春』の作中で、仙人が杜子春に課した修行は「無言の行」であるが、仙人は杜子春が言葉を発しなければ、杜子春の命を絶ってしまおうと思っていたと矛盾した内容を述べている。

注1.4：「フリーザ様」は、週刊少年ジャンプに1984年から連載の『ドラゴンボール（鳥山明/作）』の「ナメック星編」に登場するキャラクターで、主人公の孫悟空のライバルである。作中では7個のドラゴンボールを集めて永遠の命を手に入れようとするが、悟空らにより阻止される。「私の戦闘力は530000です」のセリフは特に有名。

古今東西で共通する
「生命観」の謎か……。

そのマナカの疑問、
私も興味があるから、
何か結論が出たら教えて!
確かに不思議だ……。
うん、
わかった!

それじゃ、また明日、
学校で。
また、明日！
ただいま～。
杉田

マナカのヘヤ

なぜか、時代が
変わっても、
不老長寿をテーマに
した作品で描かれる
内容は同じ。

古今東西の
あらゆる物語が、

「人間には寿命が
あるのが不変の真理」
と認めていて……。

それで
ゴロリ

パタン

「不変の真理には逆らわずに、
限られた時間の中で精一杯
生きるのが素晴らしい」と、
どれも判で押したように同じ
ことを訴えているわ。

まるで人類が、得体の
知れないものに生命観を
支配され続けているような、
この違和感は
何なのだろう???

ヒトの寿命の
概念を変えられる
ような科学技術も、
多く研究されて
きているはずなのに。
ハッ!

寿命を迎えた人を、遠い未来まで
低温で保管しておこうという、
あの技術……。

翌日　私立蘭学高校
生物準備室
（兼・生物部　部室）
さて、
3人全員が
集まったところで、
さっそく生物部の
「次のテーマ」について
だけど……。
杉田マナカ
私立蘭学高校２年生
生物部・部長
キュ キュ キュ
次のテーマ
夏休みは、生物部で
「クライオニクス」に
ついて調べましょう!!
クルッ

なにその料理、
すごく不味そうね？
暗い？お肉？
酢？？？
宇田川ユキナ
私立蘭学高校２年生
生物部・部員
食べ物の名前
じゃないわよ！
クライオニクス（Cryonics）
バンバン
クライオニクス
よ!!

そうね。
クライオニクスを
簡単に説明すると……。
はー
パ
寿命を迎えた人や
難病で助かる
見込みがない人を、
凍結前の処置
冷却
低温で保管
(液体窒素などを使用。)
医療技術が進んだ未来まで
化学的・生物学的な変性が
起こらない状態にして、
低温で保管しておこうとする
技術的行為、
未来
それが
クライオニクス……。

ひとことで
言えば、
クライオ
キュ
キュ
生体凍結保存技術
→ 医療技術の進んだ未来まで、
人体を低温保管
「生体凍結保存技術」よ。

Cryo は、低温を意味する
「クライオ」には「低温」
という意味があって、
それで「クライオニクス」
と呼ばれているのよ。
クライオニクス……。
聞いたことがある！
液体窒素で満たされた
巨大なタンクの中で、
人体を保管する話だよね？
そう！
それのこと！
大槻ハルノ
私立蘭学高校２年生
生物部・部員
でも、それは保管を
しているだけで、
蘇生する可能性がある
技術としては、全く
確立していない未完成
な方法なのでは？

そんな便利なものが
あるなら、医療現場で
使われているはずだし。
液体窒素
タンク
急げ!!

うーん。それは
ハルノの言うとおりだと
思う……。

人体を低温で
未来まで保管
するか……。

それは、生物部じゃなくて、
オカルト研究部の
テーマだと思うけど?
チュー
そのとおり
だよ!

凍らせたら氷の結晶で
細胞が切り裂かれて、
「ズタズタ」の「ボロボロ」
になるよね?!

氷晶による損傷 → 対策が必要
その氷晶の対策を
するのが重要なのよ!

氷の結晶で細胞が壊れて
しまわないように、対策を
して人体を保管するのが、
クライオニクスの
特徴なのよ!

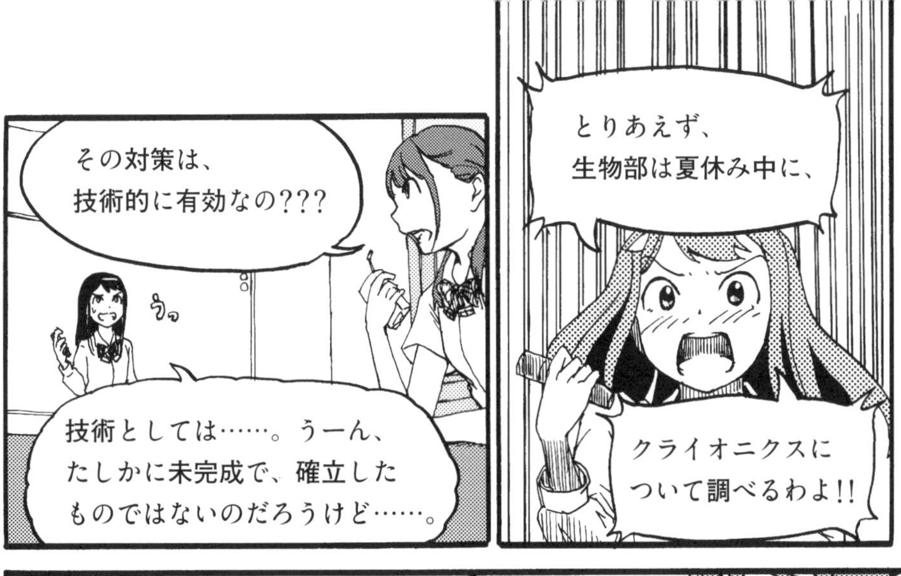
とりあえず、
生物部は夏休み中に、
クライオニクスについて調べるわよ!!
その対策は、技術的に有効なの???
うっ
技術としては……。うーん、たしかに未完成で、確立したものではないのだろうけど……。

あいかわらず、マナカは強引ね!!
もとは化学部の部員
生物部を存続させるためマナカに強引に引き抜かれた
そうだ、そうだ、横暴だ!!
もとはバスケ部の部員
ひざを負傷して帰宅部になっていたところをマナカに強引に入部させられた

だけど、3人しかいない部活とはいえ、生物部が調べるだけで研究をしないのはどうなの?

かくして生物部は、「部の成立」に必要な「部員は最低でも3人」の要件を満たしている。
生物部

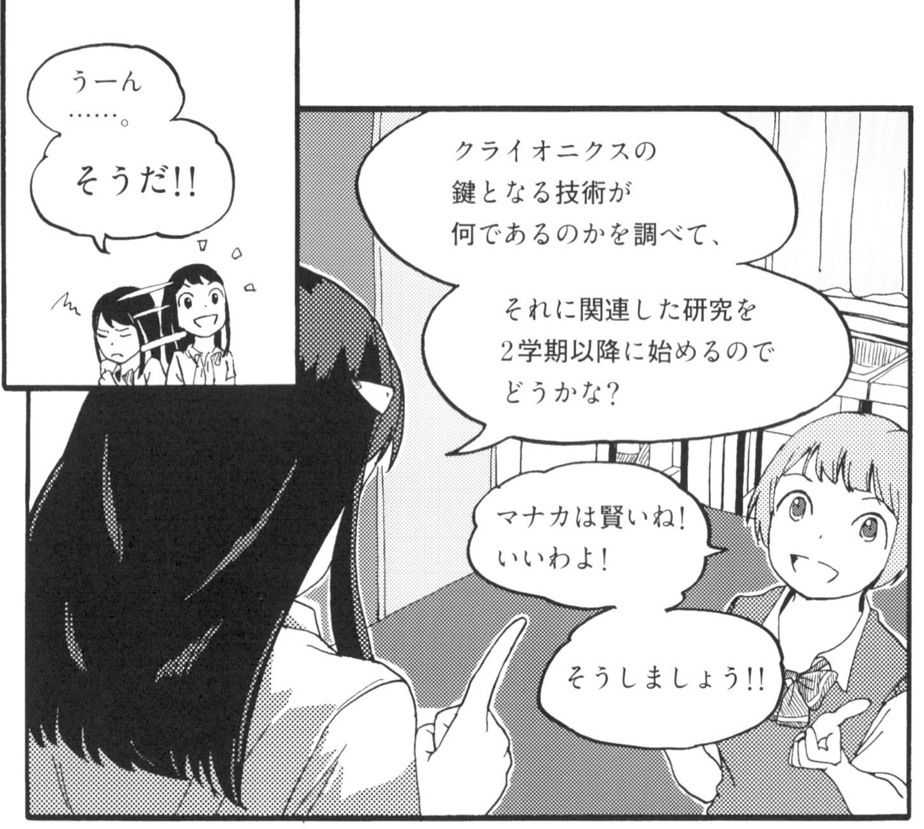
うーん
……。
そうだ!!
クライオニクスの
鍵となる技術が
何であるのかを調べて、
それに関連した研究を
2学期以降に始めるので
どうかな?
マナカは賢いね!
いいわよ!
そうしましょう!!

まずは……。
顧問の青木先生に、
夏休み中のテーマが
「クライオニクスの調査」で
よいか許可を取らないと……。
とりあえず、
次回の部活動の日に
青木先生にも出席してもらって、
その時に許可を取りましょう!

青木先生から許可をもらうのに、簡単な説明があった方がいいわね。
うーん。次回の部活動の日までに、各自で分担して、これを調べてくるのでどう??
次回までに調べること(予備調査)
ユキナ
クライオニクスの歴史
ハルノ
クライオニクスの現状・社会の反応
マナカ
現在のクライオニクスで使用されている管方法
キュッ
キュッ
予備調査をして、夏休みを全部使って調べるだけの価値があるテーマかどうか、青木先生に判断してもらうってことか、
賛成!
それでいいよ!
それじゃ、これで決まりね!!

次のテーマ

クライオニクス(Cryonics)

・生体凍結保存技術
医療技術の進んだ未来まで、
人体を低温保管

損傷　対策が必要

を意味する。

次回までに調べること(予備調査)

ユキナ
クライオニクスの歴史

ハルノ
クライオニクスの現状・
社会の反応

マナカ
現在のクライオニクス
で使用されている保管
方法

ほう……。
あの3人組はクライオニクスに
興味を持ったのか……。

青木ミヤビ
私立蘭学高校教師
生物部・顧問

注1.5：本作品の制作時の2018年において、現行のクライオニクスに未解決の問題があると記述しています。

5
6
7
数日後…。
19
20
21
発表!!
夏休み!!
ふむ。明日から
夏休みだが、
その夏休みの間の生物部の
テーマについて予備調査をしたから、3人で発表すると……。
そうです！

テーマは、生徒が考えて
生徒が決めることになる。
まあ、我が校は自主性を
重んじる自由な校風だから、
テーマについて教師は
指図をしない。
つまり、基本的には
何でもOKだ。

え〜。
美味しそうだし、
いいアイデアだと
思ったのに〜。
この前に、ユキナが言い出した
「ドングリを発酵させて
ドングリ酒を造る」みたいな
テーマはダメだけどね。
ガタッ
それに私たちは
未成年だよ！
いやいや、
それは密造酒の
製造になるから
ダメ！

それで、数日前に
ホワイトボードに書いてあった
「クライオニクス」を夏休み中の
テーマにしたいのだろ？
そうです！

そのクライオニクスが、夏休み中に
一か月以上かけて調査する
テーマとして適切かについて、
青木先生に聞いておかなく
てはと思って……。

まずは、ユキナが
「クライオニクスの歴史」
について発表ね。
ガタ
まあ、とりあえず、
予備調査の内容というのを
聞かせてもらおうか。

では、
始めます!!
クライオニクスの概念は、かなり古くから提唱されていて……。
1962年にアメリカ人のロバート・エッチンガーが著した出版物によって、クライオニクスの概念は初めて世に出ました。
THE PROSPECT OF IMMORTALITY
Robert C W Ettinger
つまり、遺体を未来にまで保管しようとする概念は、今から約半世紀も前から存在していたことになります。
ちょっと待って。
遺体を保管しようとする試みはエジプトのミイラの例があるから……。
概念としては、もっと大昔からあるのでは?

うーん。そうか、
遺体を保管しようとする
概念や行為は
紀元前からあって、
紀元前のアイデア
半世紀前のアイデア
(SF的空想図)
低温で保管して
未来の科学技術で
蘇生させようとする
考えが出てきたのが
約半世紀前なのね。
冷凍機器の発達や、液体
窒素やドライアイスなどの
冷却材の普及によって、
低温で保管するという
発想が出てきたわけだな。
そうです。

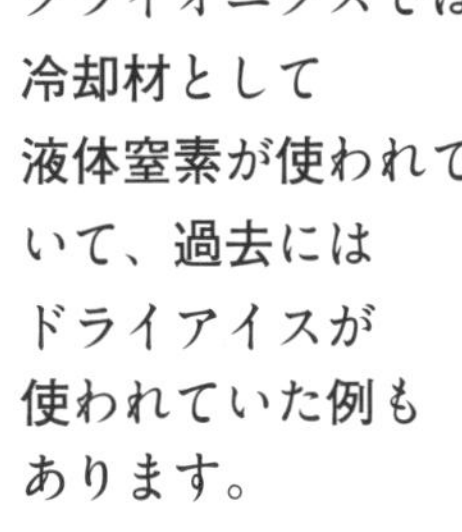
実際に
クライオニクスでは
冷却材として
液体窒素が使われて
いて、過去には
ドライアイスが
使われていた例も
あります。

シュワ
シュワ
−196℃
液体窒素

−79℃
モク
CO_2
モク
ドライアイス

クライオニクスを世界で
最初に行った米国内の
団体も、冷却材として
ドライアイスを
使用していました。
ピラ

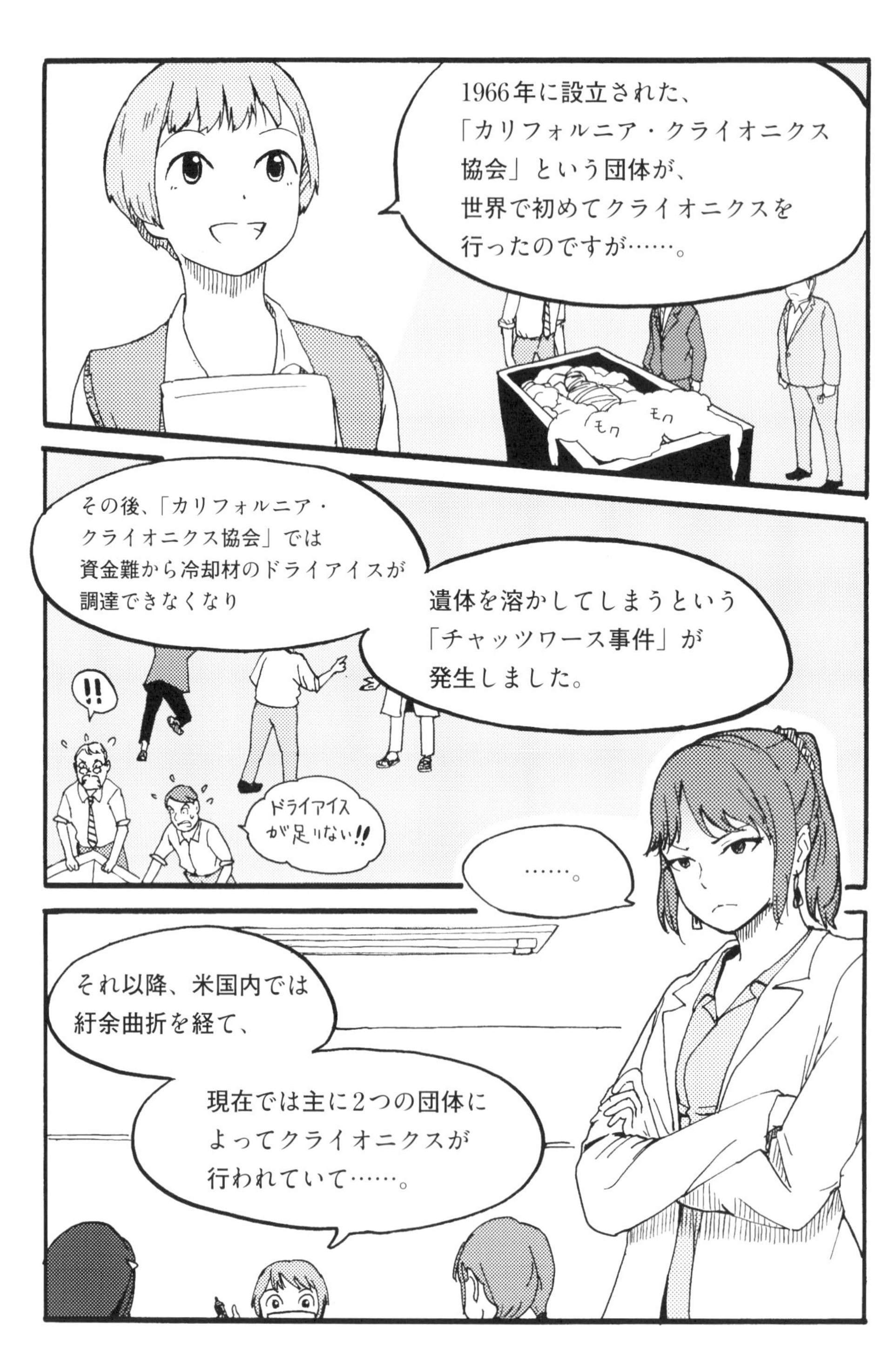
1966年に設立された、
「カリフォルニア・クライオニクス協会」という団体が、
世界で初めてクライオニクスを行ったのですが……。
モク
モク
その後、「カリフォルニア・クライオニクス協会」では
資金難から冷却材のドライアイスが調達できなくなり
遺体を溶かしてしまうという
「チャッツワース事件」が
発生しました。
!!
ドライアイスが足りない!!
……。
それ以降、米国内では
紆余曲折を経て、
現在では主に2つの団体に
よってクライオニクスが
行われていて……。

キュッ
アルコー
キュッ
その米国内の
団体とは、
事業家である
フレッド・チェンバレンらが
設立したアルコー延命財団と、
アメリカ・アリゾナ州
先ほど登場したロバート・エッチンガーらが
設立したクライオニクス研究所の2つです。
アメリカ・ミシガン州
・アルコー延命財団
（フレッド・チェンバレンらが設立）
・クライオニクス研究所
（ロバート・エッチンガーらが設立）

米国以外の地域に
ついてですが、
ロシア・モスクワ郊外
ロシア国内にも
クライオニクスを行う
クリオロスという団体が
あります。
現在、クライオニクスを
実施している主な団体は、
世界全体で3つという
ことになります。
以上です。
パチ
パチ
ペコリ
パチ
パチ
パチ

次は、ハルノがクライオニクスの現状と社会の反応について説明します。
ガタ
現在、実際にクライオニクスによって保管されている人数ですが……。
先ほどユキナが説明した3つの団体の保管人数を合計しても数百人で、
1000人に満たない人数です。
現在の世界総人口が70億人以上で、年間の死亡率が世界平均で約0.77%といわれているので、

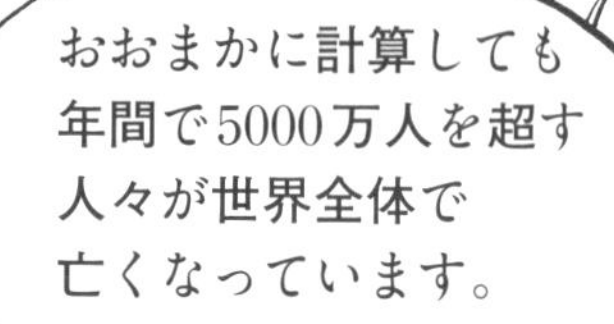
おおまかに計算しても年間で5000万人を超す人々が世界全体で亡くなっています。

その年間5000万人以上という
数字にも関わらず、これまでの
累計でも、

年間
50000000
累計
1000以下
クライオニクスで保管された
人数が1000人以下である点を
考えると……。

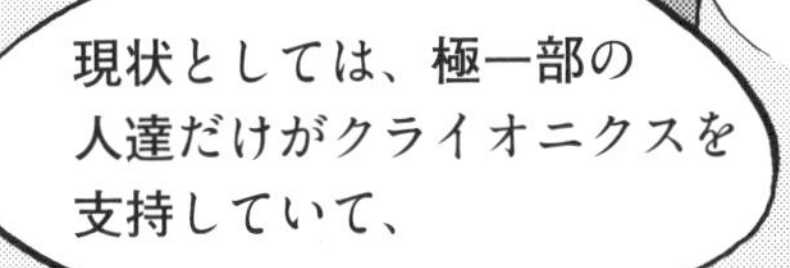
現状としては、極一部の
人達だけがクライオニクスを
支持していて、
液体窒素で満たされた
人体保管用の巨大なタンク
実際に保管されている
人数も世界的に見れば
極々少数ということに
なります。

クライオニクスは、まだ
一般には受け入れられて
いないと……。
そう。
クライオニクスの
概念自体は間違いなく
素晴らしいことだと
思うけど、
それを
考慮すると、なおさら
少なすぎる気も……。

それで、クライオニクスが
普及しない理由として、
以下の2点が挙げられます。

社会の反応

(1) 埋葬に関する既存の価値観に由来する世論の反発。

(2) 低温生物学者などの専門家からの容赦のない科学的批判。

でも、専門家が支持すれば
クライオニクスは
埋葬としてではなく、

医療行為の延長線上にあると、
そのように一般の認識も
変わるはずだから……。

まず、クライオニクスの最大の問題点は、

キュッ

キュッ

低温で保管する際に「氷晶の生成によって細胞が破壊されること」であるので……。

クライオニクスの重要課題

氷晶の生成による細胞の破壊

①細胞膜の損傷

②細胞内小器官の損傷

→ これをどのようにして防ぐか?

必然的に重要課題は「これをどのようにして防ぐか」になります。

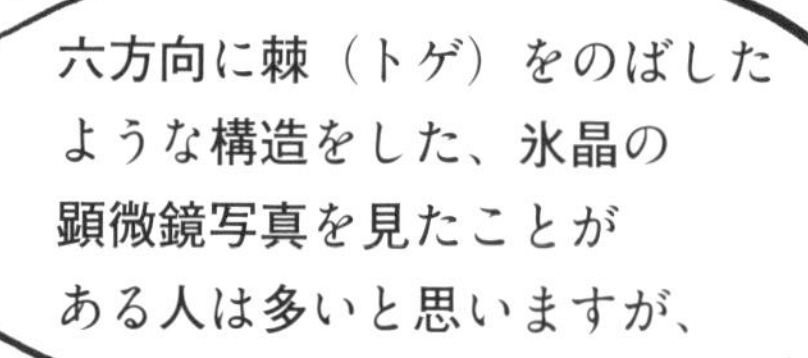

あのような構造が細胞内で多数成長していくことは細胞の生存にとって致命的になるわけです。

しかし初期のクライオニクスでは、氷晶による細胞の破壊の対策がなされずに人体を凍結保存していました……。

ドライアイスを入れるのみ…

また現在でも、主流ではありませんが、

氷晶に対する対策がなされずに保管される場合があるようです。

氷晶の生成を抑制するのが重要課題であるのに、それを行わない場合がある。

つまり、ナノマシンによる修復に期待するということだな？

クライオニクスで使用されている保管方法

(1) 氷晶の生成の対策を行なわない方法
(ナノマシンによる修復に期待)

(2) 氷晶の生成の対策を行う方法

しかし、そんな高度な機能性を有するナノマシンの創成が、いつ実現するのか予想もできないし……。
修復するぞ!!
修復できてないよ!
そもそもナノマシンによって微細な分子レベルでの凍結障害の修復まで、
理論的に可能なのかも不明だな。
※イメージ図
そう考えると、氷晶の生成の対策を行わないで人体を凍結保存するというのは、
未来での蘇生に現実味がなく、議論するまでもないほど酷い方法である気がするのだが……。
ムリなのか…
確かにそのとおりで、氷晶による凍結障害を修復できるほどの高性能なナノマシンが「実現不可能」となれば、
その時点で打つ手がない状況になると思われます。

注1.6：「ナノカー」と呼ばれる分子マシンは存在するが、実際の「自動車」のような高度な機能性はなく、現在のものは的確に表現するなら物理の実験で使用する「力学台車」に近い。

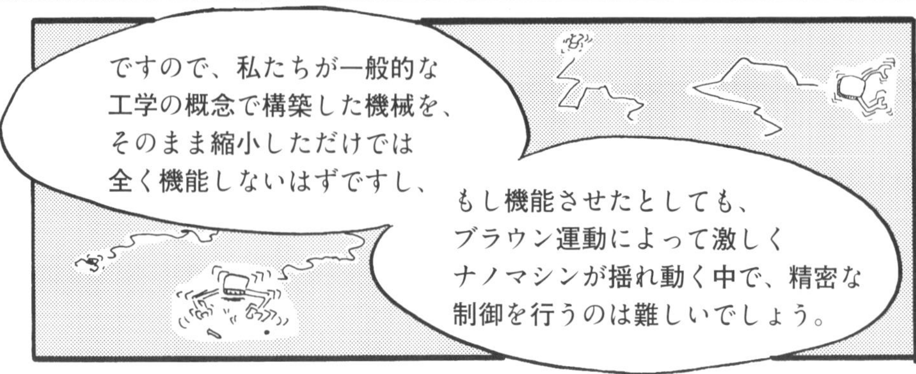

注1.7：表面張力は、ファン・デル・ワールス力や水素結合などの分子間の相互作用の総和として現れる現象であるので、分子間の相互作用と並列して記述されるのは一般的ではないが、本作品ではナノマシンの制御を難しくする要因として、便宜的に併記している。

つまり、仮に将来的にナノマシンが完成したとしても、それは一般的な工学系で考えられる「機械」とは基本設計が異なり、

生体機能分子である「酵素」などと構造が似通ったものになり、

結果としてナノマシンの能力の限界は生体系における機能分子や、それらの分子複合体と同程度という可能性もあります。

キュ キュ

(～100 nm 程度のスケール)

極小スケール → 一般的な工学では問題にならない作用や現象が、分子の動きを支配。

- 表面張力
- ファン・デル・ワールス力
- 水素結合
- ブラウン運動

→ 制御が極めて難しい。
→ 高性能なナノマシンが、いつ完成するか不明。最終的に完成するかも不明。

- 生体系の分子複合体の持つ機能性を遥かに超えることが、人工系で可能か???

それらの生体機能分子の分子複合体が、既に芸術的なまでに洗練された「分子機械」そのものであるので……。
生物が40億年の進化の中で創造した「酵素」などの生体機能分子や、
なるほど。
コッ
コッ
コッ
コッ
コッ
それを遥かに上回るような機能性をナノマシンに付加できると考えるのは、
楽観的すぎるわけだな。
やはり人工系で構築されたシステムでは、
その機能性で生体系における分子複合体の能力を超えるまでには至っていません。
そのとおりだと思います。
2016年のノーベル化学賞は「分子マシンの設計と合成」というもので、その研究内容は非常に素晴らしいものなのですが、

例えば、リボソーム上での
mRNAの翻訳による
タンパク質の合成、
これは数々の生体分子の
高度な連系プレーによって
達成されていますが……。
これと同じぐらいの
驚異的な機能性を、人工物で
あるナノマシンによって
分子レベルで達成できるかと
いうと……。
アミノ酸
タンパク質
rRNA
tRNA
mRNA
リボソーム
それは
不可能では
ないのだ
ろうが
……。
まあ、近い将来にナノマシン
が簡単に生体系と同じことを
達成できるなんてことは
現実的には
あり得ない
だろうな。
まして生体系を遥かに
超えた機能性を有して、
冷凍時の凍結障害を
回復できるナノマシン
となると……。
実現の可能性は、
どうだろうか……。

おっと、だいぶ
本題から外れて、
ナノマシンの話が
長くなってしまったな。

本題に戻してくれ。

それでは、話を
クライオニクスでの
保管方法に
戻しまして……。

これまでの説明は、人体を
そのまま凍結する「氷晶の対策
を行わない方法」でしたが、

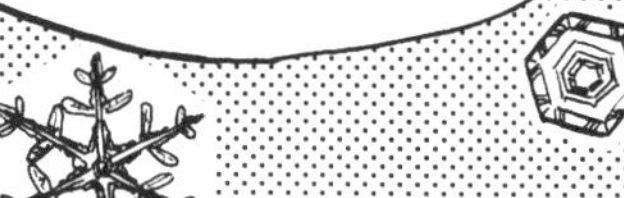

2018年の現在でクライオニクス
の主流となっているのは
「氷晶の対策を行う方法」です。

これまで述べたように、
凍結障害を回復できるような
ナノマシンは完成の
目途が立っていないので、

この「氷晶の対策を
行う方法」が重要に
なります。

・氷晶の生成の対策を
行う方法
→ こちらが重要
（現在の主流）

それで具体的な
氷晶生成の対策
ですが、

現在では「ガラス化
凍結法」という
技術で、氷晶の生成を
抑制しています。

現在のクライオニクスで主流である保管方法
ガラス化凍結法（vitrification法）で、
氷晶の生成を抑制する。
っと
……。
やはり、今でもクライオニクスには「ガラス化凍結法」が使われているのか。
だが、しかし……。
あれは使用する「凍害保護液」が……。
いや、何でもない。説明を続けてくれ。
「ガラス化凍結法」に何か問題でもあるのですか？
青木先生??
何か出てる…
おー

この「ガラス化凍結法」に
おける「ガラス」とは、
「非晶質（アモルファス）」
という意味で、一般的な意味での
「ガラス」とは異なります。

広義に「ガラス」とは、
「非晶質の総称」であって
「溶融状態にある液体を冷却したときに、
一定の凝固点を示さずに、結晶化しない
ままで凝固した物質」だな。
そうです。その広義
での「ガラス」です。

そして、この「ガラス化
凍結法」は、実際に
細胞工学の分野などで
細胞の凍結保存に使用
されている方法で、
冷却時に細胞内の水分を
結晶化させずに「非晶質」と
して固化させることによって、
細胞を生かしたままで
長期保存することが可能です。

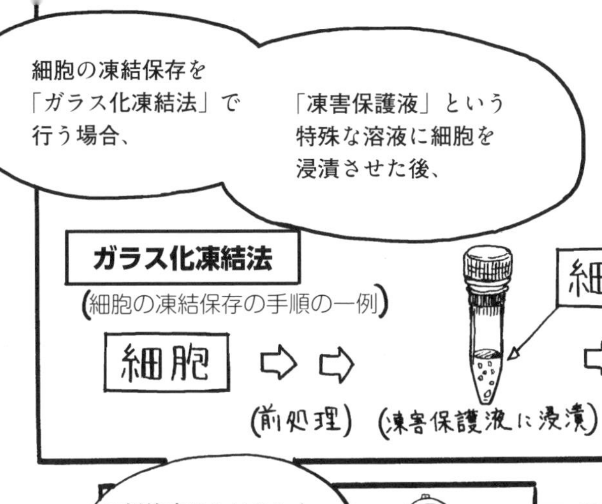

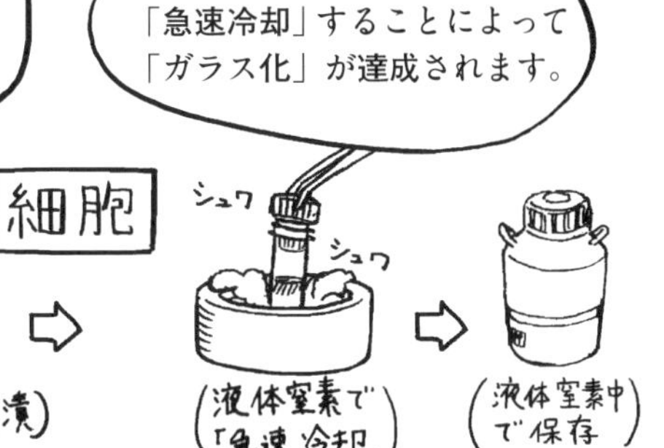

注1.8：ヒト卵子の凍結保存の場合は、冷却速度をより速くして生存率を上げるために、容器を液体窒素に漬けるのではなく、卵子を乗せた専用の器具を液体窒素に直接入れて冷却する方法で行われる。

現在主流のクライオニクスは、
この「凍害保護液」を人体の
循環系に流し入れ、血管内を
「凍害保護液」で置換した後に、

人体を液体窒素に浸漬し冷却して、
そのまま液体窒素中で保管する
方法で行われています。

血管内を「凍害保護液」で
置換する作業は、
灌流（perfusion）
と呼ばれています。

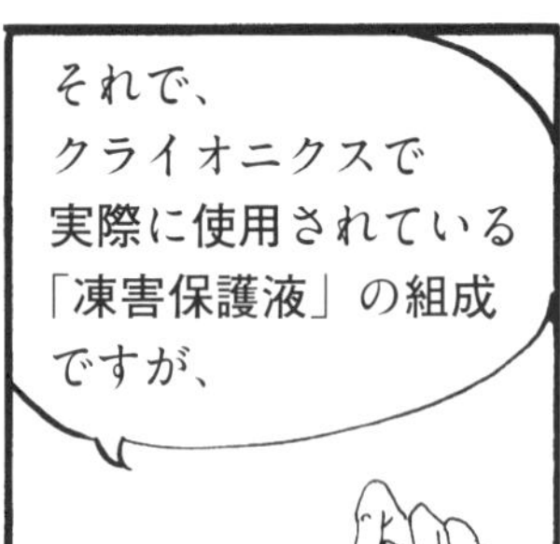

現在よく知られて
いるものでは、
このような組成に
なります。

クライオニクスで使用される
凍害保護液の組成(w/v)

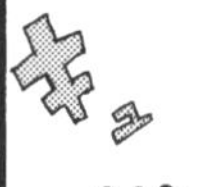

22%　ジメチルスルホキシド(Dimethylsulfo
13%　ホルムアミド(Formamide
17%　エチレングリコール(Eth
3%　N-メチルホルムアミド

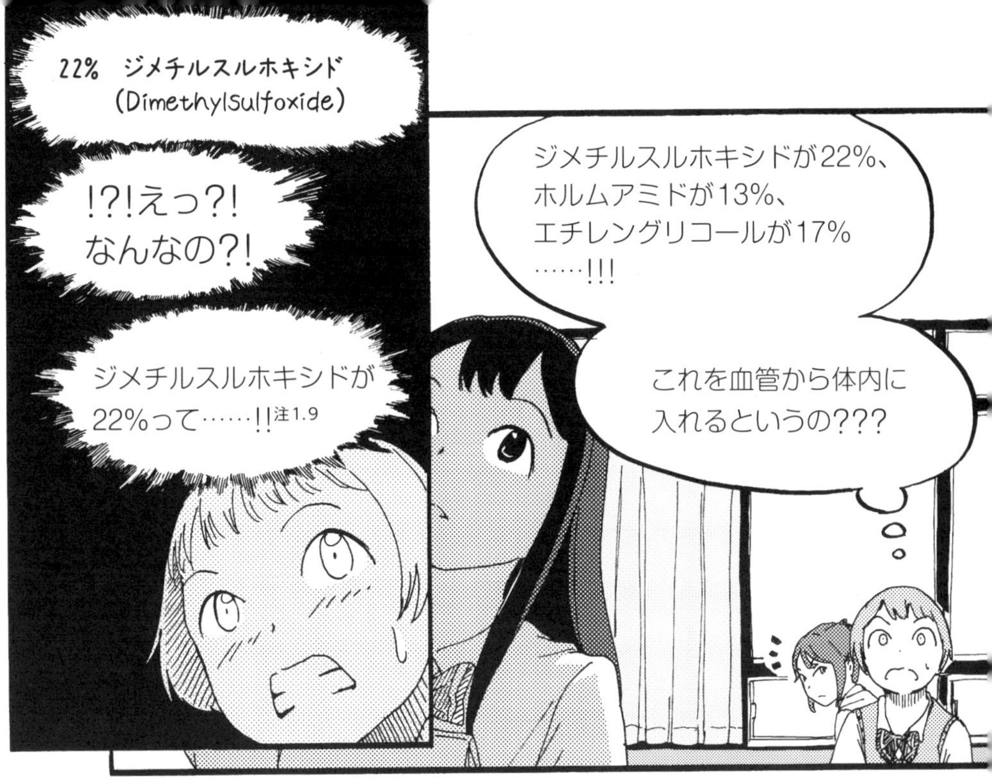

注1.9：ジメチルスルホキシド(Dimethylsulfoxide)は、有機化合物から無機塩まで幅広い種類の化合物を溶解させる優れた有機溶媒である。このため、研究室における基礎研究から工業的用途まで、反応溶媒や洗浄剤として広く使用されている。「DMSO」と略記されることが多い。氷晶の生成を抑える性質があるので、細胞の凍結保存における凍害保護液の成分としても使用されている。

マナカ、
まだ説明の最中で申し訳ないのだが……。

有機溶媒を高濃度に含む溶液を、多量に人体に入れるというのは無理がある話だ。
クライオニクスで使用される凍害保護液の組成(w/v)
22% ジメチルスルホキシド(Dimethylsulfoxide)
13% ホルムアミド(Formamide)
17% エチレングリコール(Ethylene glyc
3% N-メチルホルムアミド(N-Methylfo
4% 3-メトキシ-1,2-プロパンジオール(
3% ポリビニールピロリドン K12(P
1% x ……

え?!そうなの
ですか???
ポャーン
そうだよ、
マナカ!
有機溶媒は基本的に人体に対して
毒性があって、そこに書いてある
ジメチルスルホキシド、ホルムア
ミド、エチレングリコール……、
これらは全て毒だよ!

体内に、多量に
入れてよい有機溶媒
なんてないよ!!
ユキナの言って
いることは正しい。
高濃度の有機溶媒を多量に
体内に入れるというのは、
あり得ない。

正確に表現するなら、ペルフルオロカーボン（PFC）と呼ばれる化合物の一部は血中に入れることが可能なので、
それらを除けばという話で……。
人工血液
実際に、ペルフルオロカーボンの何種類かの化合物は、特異的に毒性が低くて人工血液に使われるほどだが、
それはあくまで例外的な話だ。
この凍害保護液に含まれている有機溶媒は、そうではないと……？
そのとおりだ。
まあ一般的には、ユキナが指摘するように、殆ど全ての有機溶媒には毒性があり、
体内に入れてはいけないという認識で間違いはない。
マナカがホワイトボードに記入したそれらの有機溶媒は、ペルフルオロカーボンとは違って
血管系に流がせるものではないよ。
…………。

高濃度の有機溶媒は、タンパク質の
高次構造を不可逆に変化させたり、
変質するよ!
細胞膜を溶解させたり
する特性がある。
溶けちゃうよ!
もちろん、そういった
毒性の強弱は有機溶媒の
種類に依存する。
しかし、仮に
毒性の弱いものを
使用したとしても、
溶液系の組成の大部分を
有機溶媒が占めるようでは、
毒性は無視できなくなる。
有機溶媒が全量で
6割近くも入っている
組成のものを
生体に使用するのは、
致命的な
問題なのだよ。

先ほどのハルノの発表で、
クライオニクスが
普及しない理由には、
「低温生物学者などの専門家
からの容赦のない科学的批判」
があると、そのような
説明があったが……。
現在のクライオニクスが、
有機溶媒を多量に体内に入れる
方法で行われていることを
考えれば、
これは極めて
妥当な批判だ。
確かに……。
体内に入れる溶液に
水以外の溶媒が
6割近くも……。
これは、
異常な話だわ。

そうだ。
専門家の批判は
極めて妥当だと
言ってよいだろう。
専門家たちは、クライオニクス
に偏見があって批判している
のではなくて、
実際に科学的な常識で
考えれば無理があるから、
率直に無理だと
批判しているだけだと……。
パチン
それでは……、
現在では主流ではない
「氷晶の生成の対策を
行なわない方法」での
クライオニクスに可能性が
ないと考えられる
だけでなく……。

現在の主流である「ガラス化
凍結法」で「氷晶の対策を
行う方法」でも……。
そうなる
だろうな。

あれ?
でも、さっきの
マナカの説明だと
「ガラス化凍結法」
は細胞の凍結保存で
使用されていて、
実用的な
保存方法だった
はずだけど……。
確かに、「ガラス化凍結法」は
不妊治療におけるヒト卵子の長期
保存にも使用されているから、
細胞レベルでは有効性が
実証されているわ。
でも、人体は
凍結保存できない??
凍害保護液には
毒性があるけど
細胞は凍結保存できて、
その方法も
確立されている。
うーん…

注1.10：本作品の制作時である2018年の技術水準に基づいて、「ガラス化凍結法」を人体（人体全体）に使用しても細胞の凍結保存と同様の結果は得られないと記述しています。

ガタ
この「細胞」と「人体」という凍結対象の違いにより、異なる結果になるという問題は、そう簡単に解決するような話ではなく……。
実は、「解決が不可能」と思えるほど難しい問題なのだ。
……。
コッ
「凍害保護液が高毒性である」という致命的な問題も含めて……。
既存のガラス化凍結法では、細胞は保存できても人体は無理だ。
コッ
コッ
深刻な問題が複数存在するのだ。
シュバッ
そこのところの詳細については……。
私が説明しよう。

第2章 既存のガラス化凍結法では、無理がある？

では、細胞の
凍結保存では
有効である「ガラス化
凍結法」が、
なぜ人体では使用
できないのかについての
説明だが……。
ペチ
ペチ

まず一番の相違点は、細胞と
人体のスケール（大きさ）の
違いだ。
ガラス化凍結法で
凍結保存できる対象物の
大きさには限界がある。

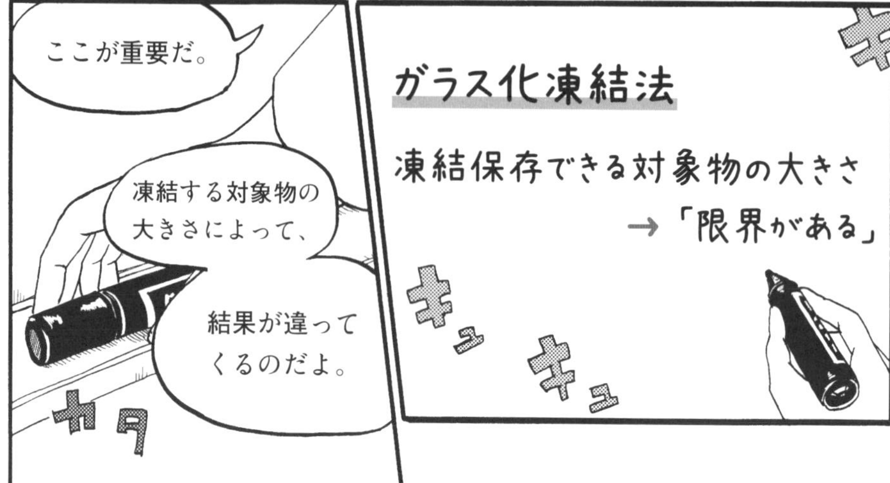
ここが重要だ。
凍結する対象物の
大きさによって、
結果が違って
くるのだよ。
カタ
ガラス化凍結法
凍結保存できる対象物の大きさ
→「限界がある」
キュ
キュ
キ

ガラス化凍結法

凍結保存できる対象物の大きさ
→「限界がある」

理由(1)
凍害保護液の接触時間に制限がある

理由(2)
ガラス化には急速冷却が必要である

ガラス化凍結法における保存対象物の大きさの限界

まず、凍結保存できる対象物の大きさに限界が存在する「1つ目の理由」だが、ガラス化凍結法に使用される凍害保護液は、有機溶媒を高濃度で含み、毒性が強くて扱いが難しい溶液なので……。注2.1

凍害保護液が、対象物に接触可能な時間は短く、制限がある。ガラス化凍結法を行う場合、凍害保護液で浸漬処理した後に急速冷却を行いガラス化し、非晶質のまま凍結保存するのだが……。

この浸漬が許容される時間は、その毒性の高さにより、一般的に極めて短い。

凍害保護液への浸漬を長い時間行うと、細胞は死滅してしまう。

凍害保護液の種類により差異はあるが、例えば細胞の凍結保存において許容される浸漬時間は、短いものでは1分以内であるとか、そういった限られた時間でしかない。

注2.1：ガラス化凍結法による「細胞の凍結保存」で一般的に使用されている凍害保護液は、有機溶媒の濃度が高く毒性も高いので、細胞への使用時に熟練した操作技術が必要である。こういった毒性の問題があるにも関わらず、現在のクライオニクスで使用されている主流の凍害保護液は、「細胞の凍結保存」で一般的に使用されている凍害保護液よりも更に有機溶媒の濃度が高い溶液である。

毒性の問題により、短い時間で凍害保護液を内部まで浸透させる必要があるので、スケールが大きいものは無理ということになる。
また、解凍した時にも速やかに凍害保護液を洗い流す必要があるのだが、これも同様にスケールが大きいものでは無理だ。

なるほど。細胞の場合は、瞬時に凍害保護液を浸透させることができるし、解凍後に洗い流す作業も迅速に行えるから、凍結保存が可能なのね。

凍結保存する対象物が小さければ、毒性の問題は解決できるけど……。
人体の場合は、それができないと……。

そのとおりだ。
そして次に、凍結保存できる対象物の大きさに限界が存在する「2つ目の理由」だが、それは……。

ガラス化を達成するには対象物を急速冷却する必要があることだ。
対象物のスケールが大きいほど、急速冷却は難しくなる。

たしかに。加熱する速度ならいくらでも早くすることが可能だけど、冷却する速度に関しては冷却材の低温に限界があるから、いくらでも早くできるというものではないわ。

そうだ、絶対零度以下の温度は存在しないから、マイナス273℃が低温の限界だ。

液体窒素がマイナス196℃で、液体ヘリウムがマイナス269℃だから、使用する冷却材を液体窒素から液体ヘリウムに変えたって70℃程度しか変わらない。

その上、凍結保存する対象物の熱伝導率は固有値だから変えようがない。

最も低い温度の冷却材を使用してもマイナス269℃までしかないのに、対象物の熱伝導率は一定だ。つまり、急速冷却が達成できる対象物の大きさには限界があるということになるな。注2.2

ガラス化凍結法

凍結保存できる対象物の大きさ

→「限界がある」

理由（1） 凍害保護液の接触時間に制限がある

→ 短時間での処理が必要

理由（2） ガラス化には急速冷却が必要である

→ 短時間での冷却が必要

対象物が大きくなるとガラス化が達成できなくなる

注2.2：凍害保護液に含まれる有機溶媒の含有率をより高濃度にしていくと、ガラス化に必要とされる冷却速度は緩和されるが、当然ながら凍害保護液の毒性の問題がより深刻になり解決できなくなる。毒性の問題を無視すれば、スケールの大きい対象物もガラス化することができるが、生体としてガラス化したことにはならない。

しかも、大きい物体を急速冷却すれば、体積変化の不均一に由来する「ひび割れ」が発生する。

この「ひび割れ」の発生は、急速冷却の過程が必須のガラス化凍結法では避けられない問題であり……。

そして、「ひび割れ」の問題だけでも、ガラス化凍結法は人体のような大きさのものを凍結保存する方法として適切ではないと考えるのに、十分な深刻さがある。

更に「ひび割れ」まで発生するのか……。

（もしも、情報が失われるような形で脳に「ひび割れ」が発生したら、どんなに未来の科学が発展しても……。）

それで、現在の技術水準で、ガラス化凍結法によって「どこまで人体を保存可能か」を示すと、このようになる。

これは、かなり大まかに実用化の段階を示したものだが……。

ガラス化凍結法で、どこまで人体を凍結保存可能か

細胞　○（卵子の凍結保存などが実用化されている。）

組織　△（凍結保存の対象物の厚さによる。）

器官　×（器官全体の凍結保存は実用化されていない。）

個体　×（ヒトはもちろん、哺乳類の成功例も存在しない。）

まず、ガラス化凍結法による「ヒトの細胞」の凍結保存は、卵子などで既に実用化されているのでマルだ。

細胞　○（卵子の凍結保存などが実用化されている。）

次に、ガラス化凍結法による「ヒトの組織」の凍結保存に関してだが、これは保存する組織の厚さや種類に依存するが、部分的に実用化されているものがある。

組織　△（凍結保存の対象物の厚さによる。）

実用化されている例としては、「卵巣組織の凍結保存」がある。

これは、ガンの治療で抗ガン剤を投与される女性が、事前に卵巣の組織の一部を手術により採取して凍結保存し、ガン治療の後に自分の卵巣に移植するというものだ。

抗ガン剤の影響で卵巣が機能しなくなり妊娠する能力を失うのを防ぐために、卵巣の一部をガン治療の間は避難させる必要があり、このために凍結保存が行われる。この方法は「妊孕性（にんようせい）温存療法」と呼ばれていて、既に一般的に行われている。

卵巣の全体を凍結保存するのは、大きさの問題があり無理なので……。

確かに、卵巣そのものをガラス化凍結法で凍結保存できるなら、卵巣全体を保存しますね。

そうだ。だから卵巣の「組織」の保存という方法になる。

実際に、摘出された卵巣の一部は約1 mm厚の切片としてガラス化凍結法により保存される。つまり、薄くスライスすることによって保存可能な大きさになるわけだ。注2.3

卵巣の場合は、一部分でも機能していればよいので、こういった保存方法が可能なのね。

そのとおりだ。脳、心臓、腎臓、肺などでは、それらの臓器のごく一部分をスライスし保存する方法では意味がない。

注2.3：現在、臨床で行われている卵巣組織の凍結保存法は「ガラス化凍結法」が主流ではなく、「緩慢凍結法」という異なる凍結保存法が主流である。この「緩慢凍結法」については第5章で後述する。

それで、次はガラス化凍結法による「ヒトの器官」の凍結保存についてだが……。

「妊孕性温存療法」で卵巣組織をスライスして保存する例を見れば明らかであるが、ヒトの器官の凍結保存は実用化されていない。

器官　×（器官全体の凍結保存は実用化されていない。）

もしも、ガラス化凍結法によりヒトの器官の全体を凍結保存することが可能になれば、移植用の器官（臓器）の長期保存が可能になり、医療分野での貢献度は大きいだろう。注2.4

しかし、実際にはヒトの器官の凍結保存法は確立されていないので……。

移植医療において器官は凍結しない程度の低温を保ち保存され、手術はドナーからの提供があった後に、できる限り早く迅速に行う必要があるのですね。

そうだ。基礎研究においては、小型哺乳類の器官の凍結保存の試みは多くあるのだが、小型哺乳類であっても、ガラス化凍結法で器官の凍結保存ができるとは、まだ言いにくい段階だ。

注2.4：「器官」と「臓器」は、基本的には同じ意味であるが、「器官」のうち特に胸腔と腹腔にあるものを「臓器」と表現する場合がある。

例外的に、ウサギの腎臓の場合は、ガラス化凍結法により凍結保存した腎臓全体を移植して、比較的に長期間機能している例もあるのだが……。注2.5

それは、腎臓の場合は全体が多孔質の「ろ過装置」であるので……。

ガラス化凍結法で使用する有害な凍害保護液を、素早く浸透させられるし、素早く排除できるのが理由ではないですか？

そうだな。ウサギの腎臓の例は、有利な条件がそろっているからであり……。

その他の器官については小型哺乳類であっても、ガラス化凍結法で凍結保存した器官の移植は、上手くいっていないのが現状だ。

ガラス化凍結法の現在における技術的水準は、小型哺乳類の器官の凍結保存にも苦戦している段階であると考えると、ヒトの器官の凍結保存が実用化されるのは、ずいぶんと先になりそうですね。

注2.5：巻末の参考文献15を参照。

次は、ガラス化凍結法による「ヒトの個体」の凍結保存、つまりは人体そのものの凍結保存だが……。

器官の凍結保存が実用化されていない現状から明白であるが、現在のガラス化凍結法は「人体という巨大な物体を、生体として凍結保存できるような技術ではない」ということになるな。

実際に、小型の哺乳類ですら凍結保存をして生存した例は存在しない。

個体 ×（ヒトはもちろん、哺乳類の成功例も存在しない。）

組織の保存は厚さが薄いものなら可能で、器官の保存は実用化されていないとなると、哺乳類の個体は無理というのは当然の結論ですね。

そして、無理を承知で高毒性の凍害保護液を血管系に流して人体を凍結保存すれば、その毒性により細胞が死滅した状態で保管することになる。注2.6, 2.7

注2.6：2018年の現在、クライオニクスで主流な方法として使用されている保管方法は、「ガラス化凍結法」としての成功を目指してはいるが、実際のところは「人体」を「生体」として保管できるような「実用的なガラス化凍結法」と評価することは、非常に難しいと考えられる。本作品中では、実用化の程度に関係なく、現行のクライオニクスにおける主流な保管方法を「ガラス化凍結法」として便宜的に分類して解説している。

注2.7：海外で実施されているクライオニクスは、医学的に既に死亡したと確認された後に行われるので、法律的に許容されている。

そのとおりだ。

凍結保存する対象物の大きさが極めて重要なのだ。

ここまでの解説で、ガラス化凍結法は凍結保存する「対象物の大きさ」によって、その有効性が大きく左右されることを理解してもらえたと思う。

そして、この「対象物の大きさ」が極めて重要であるので、「細胞」であっても保存できない場合がある。

魚卵は、巨大な一つの細胞であるのだが……。この魚卵を生きたままで凍結保存できれば、魚の養殖や希少種の保存で有益であるので、凍結保存の試みは行われているが、まだ実用化されていない。それだけ、大きさの違いは致命的ということだ。

（イクラの粒も、あれで一つの細胞だよね……。）

スケールの問題があるので、一般的に魚類で凍結保存の対象になるのは卵ではなく、胚性幹細胞（ES 細胞）や生殖細胞といった細胞だ。注2.8

（魚卵の場合は大きくてガラス化凍結法による凍結保存ができないから、卵ではなく「胚」にある胚性幹細胞など、そういった全能性のある細胞が凍結の対象になるのか……。）

注2.8：ガラス化凍結法による魚卵の凍結保存では、魚卵のスケールによる問題の他に、卵膜の厚さにより凍害保護液が浸透しにくいという問題もある。

魚卵を生きたまま凍結保存できない現状は、ガラス化凍結法における対象物のスケールの問題、これの解決の困難さを強く示しているといえる。

（ヒトは胎生で卵子が約0.1 mmと極めて小さいから、凍結保存が可能なのね……。）

ガラス化凍結法による凍結保存では、魚卵でも大きすぎるのだが……。

逆に、スケールが小さいことによって「生物の個体」であっても凍結保存が可能になる例もある。

線虫の一種であるC.エレガンスは、約1000個の細胞から個体が形成されていて、大きさは全長が約1 mmで長細い形状をしている生物だが……。

このC.エレガンスは、凍結保存が可能だ。

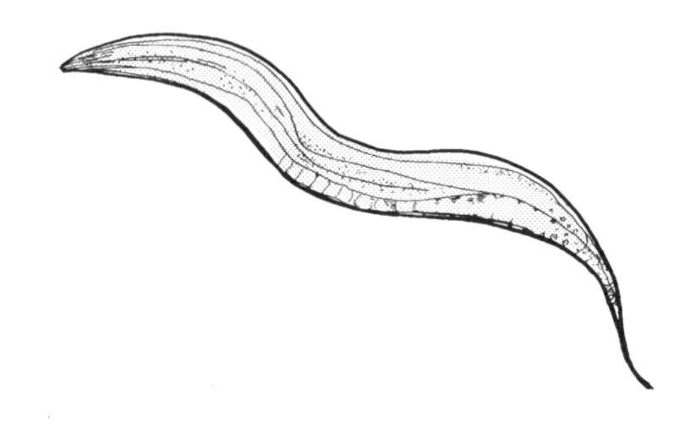

C.エレガンスの全長で約１ mmしかない極小のスケールと、急速冷却に有利な細長い形状が、ガラス化凍結法による凍結保存を可能にしていると……。

そのとおりだ。

そして、このC.エレガンスで得られた実験データをもって、ガラス化凍結法による人体の凍結保存の可能性について言及するのは、大きさの問題を無視しているので実質的に意味がないといえる。

C.エレガンスと人体とでは、大きさが違いすぎるのだ。

…………。

急速冷却が必要なガラス化凍結法では大きさの問題が致命的すぎて、人体の凍結保存が可能になるまでの技術的な発展余地が足りない気がしますね……。

これは、詰んでいる状態と言っても過言ではないのかも……。人体は一瞬で凍結させることができないから、ガラス化凍結法では無理なのか……。

人体を一瞬で凍結する方法……。

そうだ!!

ディオ様の「気化冷凍法」があるわ!!注2.9

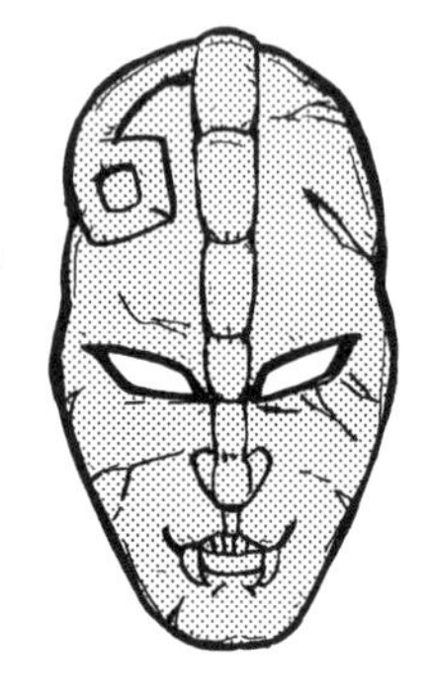

…………。

『ジョジョの奇妙な冒険』は名作だが……。

あれはフィクションだから!!!

注2.9：「気化冷凍法」は、週刊少年ジャンプに1986年から連載の「ジョジョの奇妙な冒険（荒木飛呂彦／作）」の第1部と第3部に登場する吸血鬼のディオ・ブランドー氏が使用する必殺技で、人体を一瞬で凍結させることができる。作中では、かませ犬キャラのダイアー氏が「気化冷凍法」により瞬間冷凍され、撃破されている。

マジメに！
ところで、
ガラス化凍結法を
人体に使用する
場合だが……。
これまで説明してきた
問題以外にも、
重大な問題が
存在する。
この上、
まだ問題が???

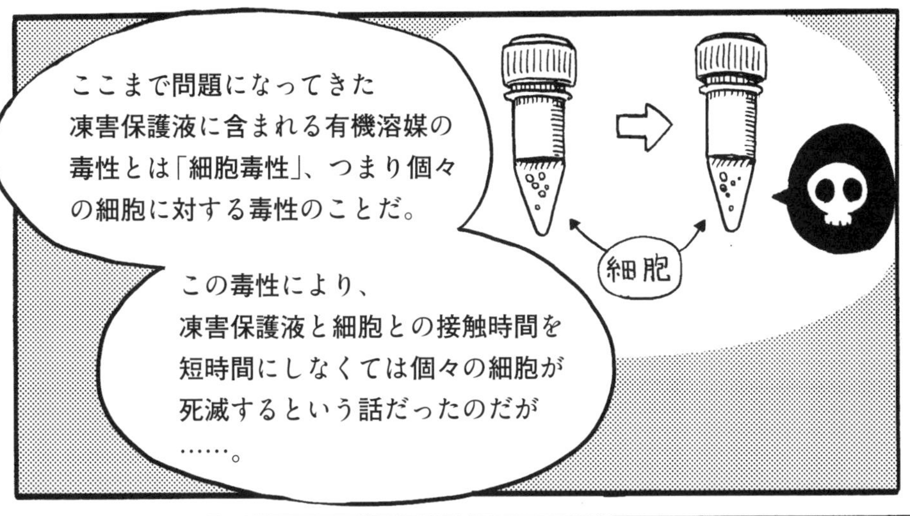
ここまで問題になってきた
凍害保護液に含まれる有機溶媒の
毒性とは「細胞毒性」、つまり個々
の細胞に対する毒性のことだ。
細胞
この毒性により、
凍害保護液と細胞との接触時間を
短時間にしなくては個々の細胞が
死滅するという話だったのだが
……。

クライオニクスを実用的な
ものにするには、もう一つ
クリアしておかなくては
いけない毒性がある。
それは
「神経毒性」、
つまり神経系に
対する毒性だ。
ところで、
人体で唯一代替の
効かない器官、
つまりクライオニクスを
行う上で一番重要な器官は
何であると思う？

注2.10：有機溶媒の脳に対する毒性の問題は、クライオニクスの実用化を妨げる大きな障壁として常に顕在化している。この問題が未解決であることは、本作品で解説している「ガラス化凍結法」を使用したクライオニクスだけではなく、近年話題にあがることが多い「アルデヒド安定化低温保存法（ASC）」を使用したクライオニクスについても同様である。「アルデヒド安定化低温保存法（ASC）」は、グルタルアルデヒドによる「化学固定」を併用する新しい手法であるが、保管時に有機溶媒を使用する方法である点は変わりがない。

注2.11：ここでは、凍害保護液に含まれる特定の有機溶媒だけではなく、有機溶媒全般の神経毒性について言及している。有機溶媒の中でも、非極性の有機溶媒であるトルエンやトリクロロエチレンなどは脂質に対する親和性が高く、神経毒性も特に強い。

そして、神経の
巨大な集合体である
ヒトの脳も、脂質を
多く含んでいる。
ヒトの脳では、乾燥重量で
半分以上が脂質だ。
そんなに脂質が！
水分以外の成分では、
脂質が半分以上も！
ヒトの脳が灰白色に
近い色をしているのは、
脂質を多く含むから
ですね。
そのとおりだ。
そして、
脂質を多量に含む脳と、
脂質を溶かす有機溶媒、
この組み合わせの
相性が良くないのは
明白だ。

もちろん脂質を溶かす
能力は、有機溶媒の
種類に依存し強弱が
あるのだが……。
うん
うん
ガラス化凍結法のような
高濃度の有機溶媒を使う方法で
脳の保管を行う場合、
深刻なダメージを
避けるのは
難しいだろうな。

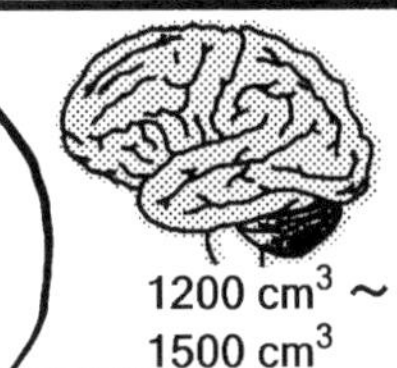
1200 cm3 ～
1500 cm3
ガラス化凍結法では、
保管する対象物の大きさに
制限があることを考えると、
器官としては大型であり、
容積で1200 cm3から1500 cm3
程度もあるヒトの脳の保管は、
極めて不利だし……。
問題が多すぎ
ますね……。

有機溶媒が神経系を
侵食することも、
ガラス化凍結法が
脳の保管には
不向きであることを
示している……。
ガラス化凍結法で
問題を解決しようと手段を
固定している限りは、
クライオニクスは実用的な
保管方法として
完成しない気もするわ。
う～ん

でも、現在のクライオニクスはガラス化凍結法を採用してしまっている……。

遠い未来でも解決しないレベルの問題が発生しているかもしれないのに、
ただ単に楽観視して何とかなると思っているだけなのかも。

まあ、低温生物学の専門家の殆どがクライオニクスについて肯定的な意見を述べないのは……詳しく知っている人ほど、深刻で未解決な問題が数多くあることを、
強く認識しているからだろうな。

これまでの説明で、現行のクライオニクスの問題点は理解できたと思うが……。

……。

注2.12：本作品の制作時の2018年における、ガラス化凍結法の技術水準に基づいた見解です。

それまでに3人で、このテーマについて存続するのか決めておきます。
ふむ。それでいいだろう。

うーん。今ここで結論を出すのも難しいと思うので……。
3日後の部活の日までに、結論を出すのでどうでしょう。

今日は議論が長くなったので、これで解散としよう。
結論は3人で十分に話し合って出すように。

それでは、また3日後。

先生も、クライオニクスの現状を変えられるような、
何か良い要素はないか探しておくことにするよ。

うーん。
人体を保管するという
コンセプトは間違って
いないのだろうけど、
やっぱりクライオニクスは
オカルト研究部が扱う
テーマなのかも……。

まだ人体には
適用できないはずの
ガラス化凍結法を、
いきなり使って
しまっているし……。

そうだね。

暗いお!

う～ん…
……。

?

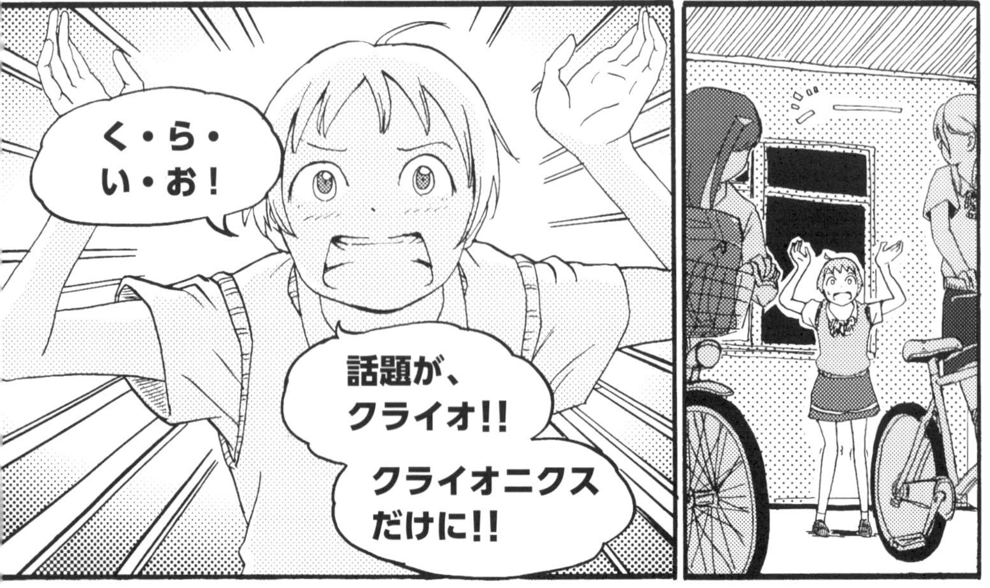
く・ら・い・お!
話題が、クライオ!!
クライオニクスだけに!!

ブルルッ
なんて寒いギャグを
言ってくれるのよ!!!
真夏なのに、体感温度が
一瞬でマイナス273℃まで
下がったわ。
ガラス化する
レベルの
冷却速度よ！
……。

今後の夏休みのテーマに
ついて、よく話あって
おきたいし……。
カチャ
ユキナのくだらない
ギャグを聞いたら、
なんだか急に、お腹が
すいてきたわ!
そうだ!近所にケーキの
美味しい喫茶店ができた
そうだから、
これから3人で
行こうよ!

そうね、青木先生から
聞いた話を踏まえた上で、
テーマの選択が
クライオニクスで
よいのか、
そこのところを
徹底的に議論
しましょう!
もちろんOK!
行くよ!!
それじゃ、
決まりね!!

意外にも
全員一致で、
とりあえずは
調査を続行する
方針と……。
うーん、これで
3人の意見は出たわね。

でも、重大な問題が
多くあり、何らかの新しい
「解決手段」がないと……。
そこだよね。
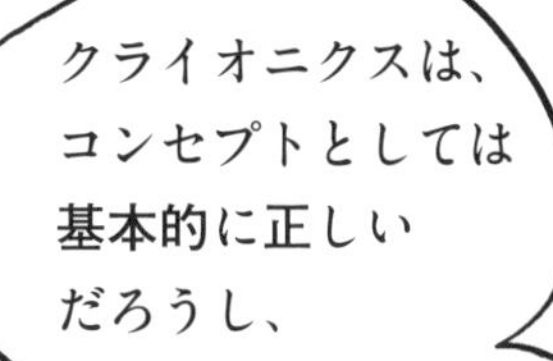
クライオニクスは、
コンセプトとしては
基本的に正しい
だろうし、
医療として技術が
確立すれば
社会貢献度も
絶大……。

それと、3日後に青木先生に
調査を続ける理由を、上手く
説明する必要があるわね。
それなりに、説得力が
ある説明をしないとね。

カランカラン
この後の詳しい
打ち合わせは、LINEで
してもいいわね。
ありがとう
ございました
そうね。3日後まで、
議論は続けましょう。

ジー
今回のテーマは、
なかなか難しそう
だね……。
アッ

それでも、この
テーマを選んだのは
正解だと思う。

今年の夏休み、なんだか
楽しくなりそうな気がするわ!
ジー
ジー

第3章

『クライオニクス論』を読んでみよう！

3日後
生物準備室
それでは全員
集まったところで、
例の「クライオニクス」の
テーマについて、
調査を続けるのか、
3人の意見が
聞きたいのだが……。
ほう。ガラス化凍結法
によるクライオニクスには
無理があるという点を
踏まえて、
それでも調査を続ける
価値があると
判断したわけだな?
それについては、
調査を続行するということで
3人の意見は一致しました。

まずは、
ハルノから
説明します!
おし!
ガタ

はい。そう判断した理由が、
3人それぞれにありまして
……。

現代社会において重要性を増す保管技術の確立

私としましては……。医療が高度に発達する未来まで人体を保管するという、クライオニクスのコンセプト自体には、基本的に間違いがなく……。
世界全体では年間に5000万人以上の方々が亡くなっていることを考慮すれば、問題解決の困難さを踏まえても、調査を続ける価値があると考えました。

ふむ。もしも現行のクライオニクスの問題を解決できて、多くの人々が使用したいと思うような技術へと発展できれば、社会への貢献度は計り知れなく大きいのだから、より詳しく調べる価値があると考えた訳だな。

次は、ユキナの説明です！

ガラス化凍結法による人体の保管は、保管対象である人体の大きさにより、問題の解決が不可能に近いというのは正しいと思うのですが……。
クライオニクスにおける保管方法をガラス化凍結法に固定するのではなく、他の手法を模索することによって新たな可能性が見えてくるのではないかと……。

ふむ。急速冷却が必要なガラス化凍結法には固執せずに、新しい解決手段を考えるべきだと……。
なるほどね。特定の方法にこだわって詰んだ状態になるよりも、新しい解決手段を早期に模索したほうが建設的なのは確かだな。それは正論だ。

そうです。その新しい解決手段と成り得る技術が存在するのか、それを今回の調査対象にすべきだと思います。

次は私の意見ですが……。
私がクライオニクスの重要性、その価値を見出した理由は……。
ヒトの「老化の抑制」に関する研究の「難易度の高さ」により、必然的にクライオニクスの重要性は近い将来に、より強く認識されるだろうと考えたからです。

ほう。
老化の抑制の研究が難しいから、クライオニクスが重要であると？

そうです！

その考え方は興味深いな。もう少し詳しく聞かせてもらおうか。

ええと、クライオニクスが必要とされるのは、人々のもっと長く人生を楽しみたいという思いや、ヒトの種としての寿命（限界寿命）の長さを受け入れて生きるのは嫌だという思い、そういった人類の願望には際限がなくて……。
その際限のない願望に十分に答えられるほど「老化の抑制」の研究が進み、人々が納得できるほど人類の寿命（限界寿命）が延びるのには、長い歳月が必要になると思うからです。

そう考える理由は、3つありまして……。
この3つです！

老化の抑制に関する研究の難易度の高さ

難易度が高い理由

（1）老化の原因は複合的であり、数多くの要素があると考えられる。
（2）複合的であるが故に、原因と結果の因果関係が分かりにくい。
（3）短命な生物での研究成果が、ヒトにも適用できるかの評価が困難である。

（なるほど。ここまで考えるか。やはり、この生物部の3人の生徒は優秀だな……。）

まず1つ目の理由ですが、老化の原因は思いつくだけでも「ラジカルによる生体分子の酸化」、「DNAの複製時のエラー」、「生体分子間の化学的な架橋による変性」、「細胞内での老廃物の蓄積」、「細胞分裂回数の上限を定めたテロメア限界」などなど……。

このように老化の原因は数多く存在し、おそらくは全てが解決しなければ、老化の抑制は達成できないと考えられます。

ふむ。そうだな、全てを解決する必要があるだろうな。しかも、細胞の分裂回数の上限は、細胞をガン化させないために必須なのかもしれない。特に、これの解決は難しいだろうな。

次に、2つ目の理由ですが、このように老化の原因が複合的であるために、原因と結果の因果関係が分かりにくくなり、研究の難易度を上げています。例えば、加齢に伴い「特定の物質」が生体内で増加していたとして、それが老化の原因であるのか、それとも老化したことによって結果として増えただけなのか判断が難しいです。

老化した結果として、その「特定の物質」が増えているだけなら、それを取り除いても老化速度に影響はないという残念な結果になるな。

そして最後に、3つ目の理由ですが、老化の抑制の研究は特にヒトでも効果があるのかの評価が難しくなります。例えば、マウスにおいて特定の遺伝子の発現量を増やすことにより寿命(限界寿命)が延長したとしても、実際にヒトにおいても同等の効果が得られるかについては、より長命なサルなどの種で試さなければ明確なことは分からないので、評価が確定するまでに非常に長い期間が必要になります。

ふむ。老化の原因は複合的であるし、原因と結果の因果関係も分かりにくいし、一つの試験の評価が確定するにも長期間を要すると……。

そうです。老化に関する全ての問題が解決するのは遠い未来になるでしょうし、結局は老化の抑制が上手くいかないのであれば、再生医学の進展が急速であっても、人類の寿命(限界寿命)が劇的に伸びるようには思えません。

そうだな、老化を止められないのであれば、再生医学が発展しても常に器官のスペアを用意して随時に移植することになるだろうし、それに脳だけは老化したからといって、全てを新しく再生したものに交換したりはできないからな。

注3.1：実用的な保管技術の確立によって人類が得るものは、「ヒトの寿命（限界寿命）の延長計画における長期的な挑戦権」であると考えられる。これにより「寿命の概念から実質的に解放されること」は十分に可能性があると考えられるが、最終的には「熱力学の第二法則の問題」が存在するので、それは人類が「永遠を手に入れること」とは、全く別の事象である点に注意が必要である。

注3.2：ガラス化凍結法は有用な凍結保存技術であるが、前章で示したように、クライオニクスへの応用について限定して考えた場合は、対象物である人体のスケールの問題などがあり、技術的な発展余地が不足していると考えられる。

それはユキナが
指摘したように、
ガラス化凍結法に
変わる保管技術が
あれば……。
なにか、
問題解決の手掛かりを
ご存知なのですか?

ヴゥーン
私もいろいろ
調べてみて、

クルッ
クライオニクス論
このような書籍が
出版されているのを
見つけたのだ。

つい先日の
ことだが、
パタ
パタ
パタ

注3.3：『クライオニクス論 ―科学的に死を克服する方法― 要約版、清永怜信著、2013年、星雲社（定価1200円＋税）（ISBN 978-4-434-17545-9）』（Amazonのサイトなどで入手可能。）

もちろん、
賛成です!
おそらくは、今の
我々にとって重要な
情報源になるので、
部費で4冊購入して
読んでみようと
思うがどうだ?
さすが、青木先生!
良い案だと思います!
ガラス化凍結法以外にも、
何か方法があるのかも!

これは
期待できそうですね!

次の2日後の
部活動の日までには、
なんとか届きそうだな。
では、全員賛成だな。
それでは人数分の4冊を
注文しておこう。
ポチ

2日後
例の『クライオニクス論』だが、
ちょうど今朝、郵送で届いたぞ。
ドッ

本は各自が家で読んでくることにして……。
ゴクリ
この本に、何らかの「解決手段」が……。
そうだな、また2日後に生物部で集まって、
その時に内容について議論するので、どうだろうか？

では、今日は部活を早めに解散にするので、
次回までに各自で『クライオニクス論』を読んでくるように。

そうですね。私も、これから直ぐにでも読んでみたいので……。

あれ???
ここに書かれているこ と……。
もしかしたら、私がずっと不思議に思っていたことの
答えでは?

私の長年の疑問……。
それは……。
古今東西のあらゆる物語が、「人間には寿命があるのが不変の真理」と認めていて、
その「不変の真理には逆らわずに、限られた時間の中で精一杯生きるのが素晴らしい」と、どれも同じ生命観で描かれていて……。
まるで人類が、得体の知れないものに生命観を支配され続けているような違和感……。
?
寿命
そう、その違和感の正体がやっとわかった気がする!!

2日後
あっ、マナカだ
おはよう！
おはよう！

そういえば、この前に
マナカが言っていた
「例の疑問」の答えみたいのが、
『クライオニクス論』に
書いてあったよね！
えっ、ユキナも
気付いたんだ!!

そうなの。
長年の疑問が、
やっと解けた気が
するの!!

なに、その
「例の疑問」って？
ブッ
そうか、ハルノには
話したことが
なかったよね。
今日、『クライオニクス論』
について皆で議論する
ことになっているから、
その時に話すよ。
「例の疑問」……。
なんだろう？
気になるな……。

青木先生
おはようございます
おはよう

今日は、例の
『クライオニクス論』の
内容について
議論してみたいと思う。

3人とも
『クライオニクス論』は
読んできたかな?
もちろん、
読んできました!
バッチリです!
私も、読みました!

まず、この
『クライオニクス論』
は3つの章から
構成されていて、
パートⅠから
パートⅢまである。
では、復習を兼ねて、
本の内容を確認しながら
議論を進めていくことに
しよう。
クライオニクス論

『クライオニクス論』の構成

- パートⅠ → DNAを中心とした生命観の解説
- パートⅡ → 脱DNAによる生命観の解説
- パートⅢ → クライオニクスの技術的な解説と将来の展望について

ほう。何かの
「謎」が解けたのか。
面白そうだな。
それって、マナカの長年の
課題であった「例の疑問」の
答えってことだよね？
そう
そう
では、その話の解説も含めて、
パートⅠとパートⅡの解説を
マナカに説明してもらおうか。
先生も、その
「例の疑問」の話は
聞きたいし。
私も、その
「例の疑問」の話、
気になるから早く
教えてよ！
了解です！
では、私が
パートⅠと
パートⅡの
解説をします！

DNAを中心とした生命観

全ての生物の主体はDNAであり、DNAに支配されていると考える生命観。DNAに支配されている生物はDNAを守り、DNAを維持・増殖させるための一種の装置に過ぎない。人間も同じく、他の生物と同様にDNAに支配されているとする考え方。

例えば、DNAの
構成単位を連結している
リン酸ジエステル結合は、
タンパク質のペプチド結合や、
脂質のエステル結合と
比較すると、加水分解され
にくく非常に堅固です。
DNA だけは
化学的な安定性が
別格ですよね。
生体の設計図だから
壊れては困るからな。
特に頑丈な
化学結合を使って
構築されているわけだな。
それにしても、人間まで
DNAの奴隷みたいな
扱いは……。
確かに酷いよね。

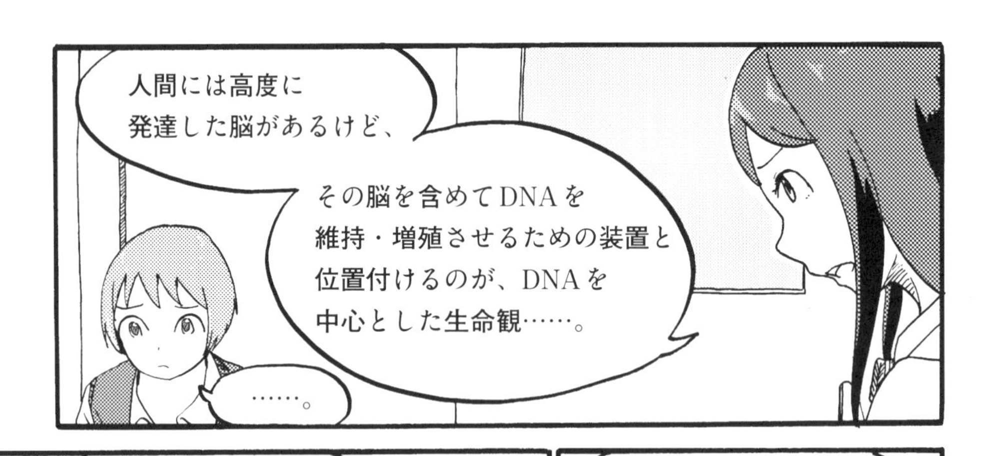
人間には高度に
発達した脳があるけど、
その脳を含めてDNAを
維持・増殖させるための装置と
位置付けるのが、DNAを
中心とした生命観……。
……。

でも、DNAを中心とした
生命観だと、脳と神経節の
役割の本質は同じになるよね。
そうなるのか……。

脳ではなくて、神経節なら
体を守るためだけに存在
していると言えるけど……。
そうだね。神経節は
「熱いものに触れたから
手を引っ込める」みたいな
判断しかしないから……。

ヒトがDNAの奴隷であって、
脳を含めてDNAを維持・増殖する
ための装置でしかない
という生命観は、
人間にとっては
受け入れがたい
考え方ではあるけど
……。
DNA
支配
ヒト
(脳も含めて
DNAの奴隷)

脳の起源は、約5億年前のカンブリア紀の生物がつくり出した神経節や神経管にあると考えられている。

進化の過程で、最初は神経節や神経管ぐらいのものから発展してきた脳も、次第に高等になっていき……。

ホヤの幼生

約5億年前のカンブリア紀に生息していた「ホヤの幼生に似たプランクトン」は「神経管」を有していたと考えられている。

特に、そのなかでも神経管を「管状神経系」にまで発達させた脊椎動物の脳は、顕著に高度になり……。注3.4

そして、ヒトの脳ほどに「大脳新皮質」を発達させ、複雑な思考が可能になると……。

DNAを維持するための使い捨ての装置としての扱いなんて嫌だと考え始めたわけだな。

注3.4：神経管を原型に発達してきた「管状神経系」をもつ生物には、原索動物（ホヤやナメクジウオなど）と、脊椎動物（魚類・両生類・爬虫類・鳥類・哺乳類）がある。これに対して、神経節から発達してきた「はしご形神経系」をもつ生物には、節足動物（昆虫類やクモ類など）・軟体動物（タコ・イカなど）・環形動物・緩歩動物などがある。同じ5億年の歳月をかけた脳でも、神経管を起源にした「管状神経系」を持つ生物だけが顕著に高度な脳を構築できたことは、注目すべき点である。

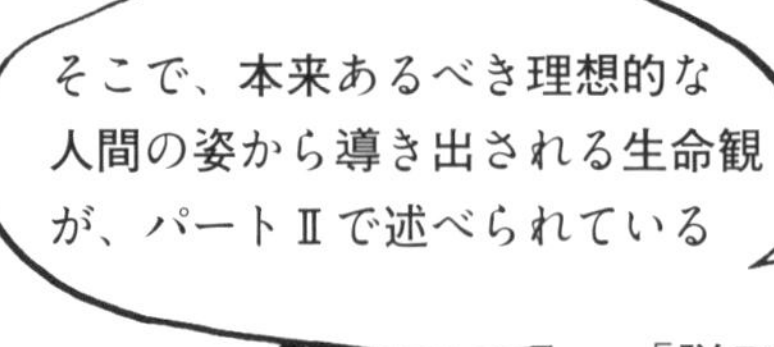

そこで、本来あるべき理想的な人間の姿から導き出される生命観が、パートⅡで述べられている

「脱DNAによる生命観」です。

要約すると、このようになります。

脱DNAによる生命観

人間の主体は脳であると考える生命観。
個々の人間は、種の保存だけを目的に終わる使い捨ての装置ではない。各個人の脳が唯一無二の存在であり、守られるべき存在であるとする考え方。

つまり……。

パチン

大切なのは、種としてのDNAではなく各個人、

そしてその脳であり……。

DNAによる
支配からの脱却、
そしてDNAではなく
脳が一番重要だと認める
社会の構築のために、
クライオニクスの
実用化が必要であると
……。
そうです。

DNAと脳、
この2つの支配関係が
逆転するのか……。
クライオニクスの
実用化が達成されれば、
ヒトが生物として初めて
「約40億年もの間のDNAの
支配」から脱却することに
なりますね。

なるほどね。
これは生物の進化における
歴史的な転換点とも
考えられるな。
しかしまだ、この
「脱DNAによる生命観」
は理想論でしか
ありませんが……。

人間は限られた寿命を認めて、その限りある時間の中で精一杯生きるのが美徳であって、

不老長寿を求め、それを追求するのは悪いことだと考えるような生命観……。

寿命

そう、まさに「DNAを中心にした生命観」に疑問を感じていたことになるわ!

DNAを中心とした生命観では、
脳がその存在の永続性を
求めても意味がないけど、
脱DNAによる生命観では、
脳がその存在の永続性を
求めるのは正しいことだわ。
そうなるな。
まるで人類が、得体の知れない
ものに生命観を支配され続けて
いるような違和感……。
それは……
ドーーー
DNAによる
支配に対する
違和感!!

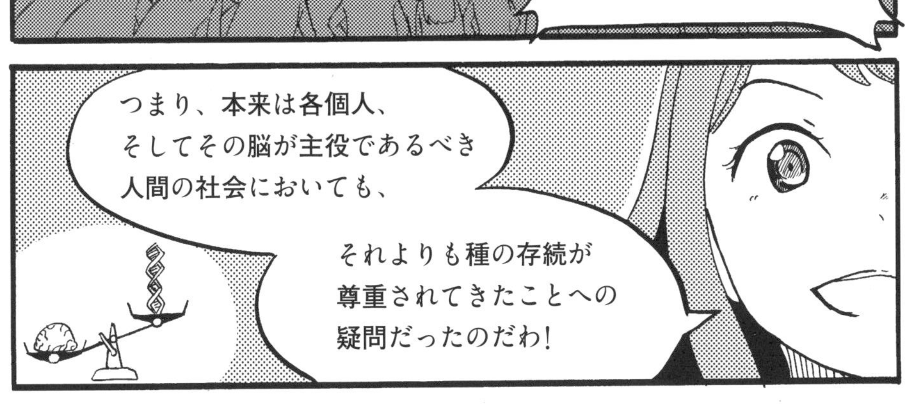
つまり、本来は各個人、
そしてその脳が主役であるべき
人間の社会においても、
それよりも種の存続が
尊重されてきたことへの
疑問だったのだわ!

注3.5：人類が個々の限られた寿命を受け入れるしかない時代においては、「DNAを中心とした生命観」は「社会の継続性」のための前提でもあったので、科学技術の発達した現代になってようやく「DNAを中心とした生命観」から脱却する条件が整ったと考えることができる。当然のことであるが、どのように時代が変わっても、各個人の存在は「社会の継続性」の上に成立しており、「社会の継続性」が重要な課題であることは普遍的である。これは、DNAによる支配から抜け出した世界であっても同様であり、「DNAを中心とした生命観」からの脱却を目指すことは、「社会の継続性」を軽視することとは明らかに異なる点に、注意が必要である。

ところで、マナカの疑問は解決したのだが……。
我々には、もう一つの疑問があったな。
それは、ガラス化凍結法によるクライオニクスには重大な問題点があるのに、
生物分野の専門家がクライオニクスを支持する書籍を出版していること……。

つまり、ガラス化凍結法の他に、何らかの「解決手段」を有しているのではないかという疑問ですね。
そうだ。

それで『クライオニクス論』のパートⅢでは
クライオニクス論
現在のクライオニクスの技術的な解説がされているが……。

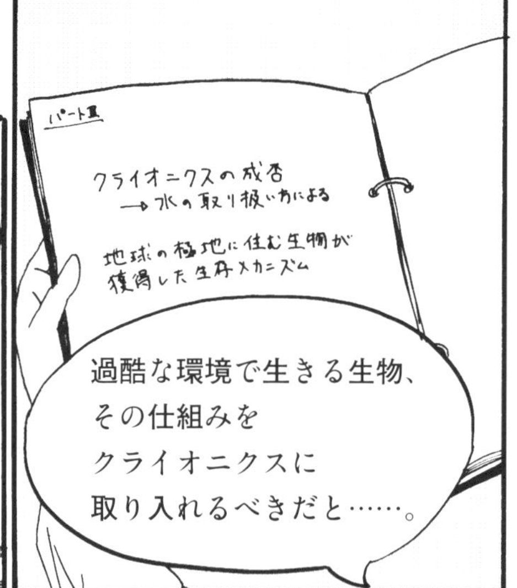
パートⅢ
クライオニクスの成否
→水の取り扱い方による
地球の極地に住む生物が
獲得した生存メカニズム
過酷な環境で生きる生物、その仕組みをクライオニクスに取り入れるべきだと……。

そこではガラス化凍結法以外にも、クライオニクスに利用できる技術的アプローチがあることが示されていたな。
はい。

例えば、乾燥地帯の生物の「耐乾性」、
極寒地域の生物の「耐凍性」……。

つまり、問題の解決手段は、過酷な環境で生きる生物によって、既に示されている!

そういった特殊な能力を有する生物のメカニズムを、クライオニクスの技術開発のアプローチに新しく取り入れるべきだといった、そのような主旨のことが書かれていました。

そういうことだ。

過酷な環境で生きる生物の例

・「耐乾性」を有する生物 → クマムシの成虫、ネムリユスリカの幼虫など

クマムシ

ネムリユスリカ

幼虫

（幼虫が耐乾性を有する。）

・「耐凍性」を有する生物 → ポプラハバチの幼虫、ニカメイガの幼虫など

ポプラハバチ

（幼虫が耐凍性を有する。）

ニカメイガ

（幼虫が耐凍性を有する。）

これらの生物は、極度に乾燥した条件、または生存に適さない低温になると、

環境が改善するまでの期間は「仮死状態」になり、過酷な環境に耐えるという特徴がある。

注3.6：本ページに示した生物は一例であり、これ以外にも耐乾性・耐凍性を有する生物は数多く存在する。例えば、近年発見された耐凍性を有する生物としては、「ヌマエラビル」が有名であり、非常に強い耐凍性を有することが報告され注目を集めている。「ヌマエラビル」は温暖な環境に生息するので、耐凍性の能力の獲得理由が不明であるなど、まだ解明されていない点が多い。

それで、『クライオニクス論』のパートⅢでは、過酷な環境で生きる生物の例として、「クマムシ」が紹介されている。

※マンガ的に表現しています。

「クマムシ」は、「乾燥無代謝休眠（アンヒドロビオシス）」と呼ばれる体内の水分量を低下させた「仮死状態」になることで、

乾燥した過酷な環境を生き残ることができる。

※実際は「樽（タル）」という状態になり乾燥に耐えます。

タルの状態→

この「乾燥無代謝休眠（アンヒドロビオシス）」は、一般的には「乾眠」と呼ばれている。

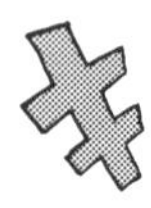
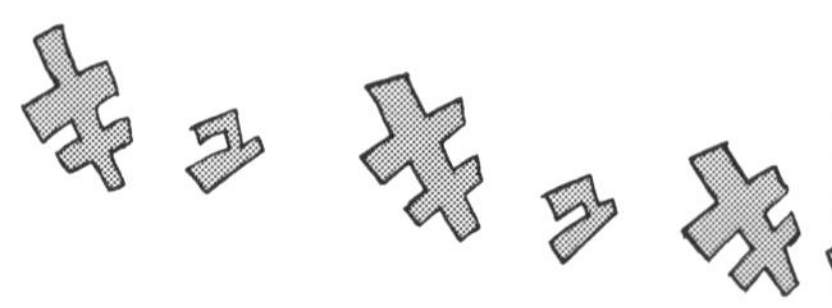

乾燥無代謝休眠（アンヒドロビオシス）

- 一般的に「乾眠」と呼ばれる現象。
- 乾燥により、生体内の代謝活動が停止し、仮死状態になる。
- 水分が減少しカラカラになっても、水を加えると蘇生する。

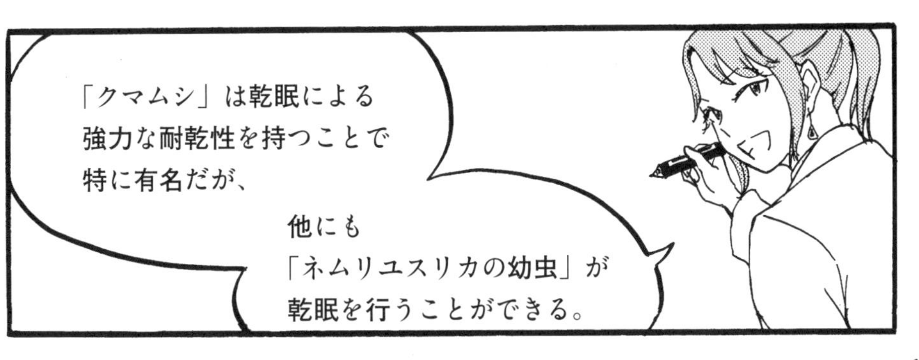

クマムシ

- 緩歩動物門に属する。
- クマムシのみで、緩歩動物というカテゴリーを形成する。
- 海洋、陸水、陸上と、あらゆる環境に生息する。
- 乾眠できる種と、乾眠できない種がある。
- 成虫が、乾眠による耐乾性を有する。
- 体長が0.1〜1 mm程度で、四対の肢をもつ生物。

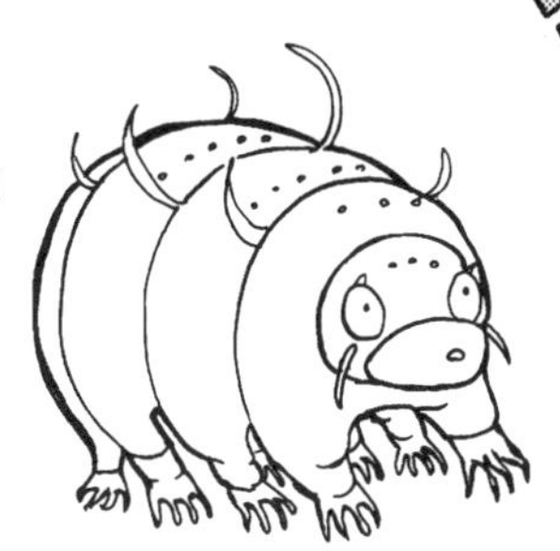

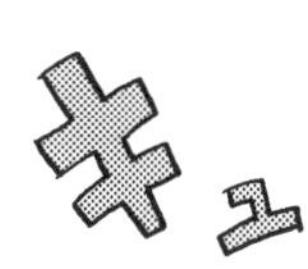

ネムリユスリカ

- 昆虫の一種で、ユスリカ科に属する。
- アフリカのナイジェリアなど、半乾燥地帯に生息する。
- 成虫は乾眠できないが、幼虫は乾眠による耐乾性を有する。
- 幼虫は、岩場のくぼみの水たまりなど、水中に生息する。
- 幼虫の体長は3〜5 mm程度。

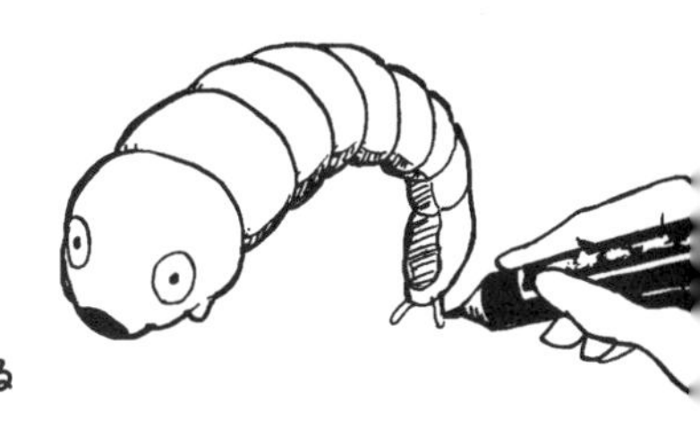

乾眠中のクマムシの耐久性

- 真空状態
- マイナス273度の低温
- 151度の高温
- 5〜8 kGyの放射線（ヒトの致死量の約1000倍に相当）
- 7万5千気圧の高圧

など

乾眠中のネムリユスリカの幼虫の耐久性

- 真空状態
- マイナス270度の低温
- 103度の高温
- 7 kGyの放射線（ヒトの致死量の約1000倍に相当）

など

近年、このクマムシやネムリユスリカの乾眠に対する研究は注目を集めている分野であり……。
特にネムリユスリカの幼虫の乾眠については研究が進んでいて、
「トレハロース」という二糖類と、「LEAタンパク質」という親水性の低分子量のタンパク質が、
重要な役割を果たしていることが判明している。
トレハロース
OH
HO
HO
O
OH
O
O
OH
HO
OH
OH
構造式
3D分子モデル
LEAタンパク質
ネムリユスリカの幼虫は、周囲の水環境が悪化し乾燥状態が続くと、体内に「トレハロース」と「LEAタンパク質」の蓄積を始める。
ジリ
ジリ
ジリ
トレハロース
LEAタンパク質
アツい…
※マンガ的に表現しています。
特に、「トレハロース」はネムリユスリカの幼虫の乾燥重量の約20%という量が乾眠時に蓄積されている。
オヤスミ中です…
トレハロース
乾眠中
※実際には折りたたまれた状態でカラカラになります。

過酷な環境で生きる生物の体内に蓄積される物質

- 「耐乾性」を有する生物 → トレハロース、LEAタンパク質など
- 「耐凍性」を有する生物 → グリセリン、トレハロース、不凍タンパク質など

そして、多量の有機溶媒を
使用する現行の
クライオニクスから脱却
できるのでしょうか??
……。

では、これらの物質を、
どのように利用すれば
クライオニクスは実用的
な技術に成り得るの
でしょうか??

それ以上の詳しい
技術的展望は
『クライオニクス論』には
書かれていないな……。

過酷な環境で生きる
生物の仕組みを
応用する……。
これは確か
なのだろうが、

より具体的な内容が
知りたいですね……。
そこなのだが、この
『クライオニクス論』には、
ガラス化凍結法を
使用しない代替として、
どのような方法で、どのような組成の
凍害保護液を使用するかなどの詳細は、
記載されていないのだよ。

注3.7：『まんがでわかるクライオニクス論』は、前作の『クライオニクス論』の概要をわかりやすく解説するのみでなく、要約版である『クライオニクス論』の続編として、前作で省略している技術面での解説を補完している。

…………。
これまで疑問に思ってきた、「古今東西で共通する生命観の謎」は、
『クライオニクス論』を読むことによって解けたけど……。
クライオニクスを実用的な技術にするための具体的な「解決手段」、これが何であるのか……。

より大きな謎が出てきたわ……。

体内に蓄積される物質
する生物 → トレハロース、
LEAタンパク質など
する生物 → グリセリン、
トレハロース、
不凍タンパク質など
…………。
??
トレハロース……。
LEAタンパク質……。
そういえば、私の親戚に理学博士がいるのだけど、
よく「トレハロースとLEAタンパク質が重要」とか、「脱DNAプロジェクト」とか、そんなことをよく言っていた気がする……。

それって……。
そこまで一致するなら、今回調べている件に関係がありそうだな。
え〜、もっと早く気がついてよ!
だって、いま気が付いたのだから仕方がないじゃん!!!

その人から、詳しい話を聞き出すことってできる??

できるよ!!
ヒマ人みたいだから、私の家に呼び出して、今度一緒に話を聞いてみようよ!

それで、青木先生も
含めて4人で話を
聞いてみるのでどう?
意外なところから、
話が進展してきたね!
ユキナの
親戚か〜。
なんか変な人とか
じゃないでしょうね?
なんで私の親戚だと、
変な人なのよ!!

それで、その人から
話を聞くとして、
いつにするの??
さっそく、今週末の
日曜日で大丈夫か
確認しておくよ。

「謎の博士」の
登場か、

なんか
楽しみだね！
「謎のプロジェクト」
に「謎の博士」、
確かに
面白そうね!!

脱DNAプロジェクトに
ついては、聞きたいことが
沢山あるけど……。
まずは、
クライオニクス
を実用化し、
脱DNAの生命観を
達成するための
「解決手段」が
何であるのか、
これを聞いて
おかないと！

そうだな。どのようにして
クライオニクスにおける
諸問題をクリアするのか。
その具体的な「解決手段」
について、最初に聞いて
おく必要があるな。

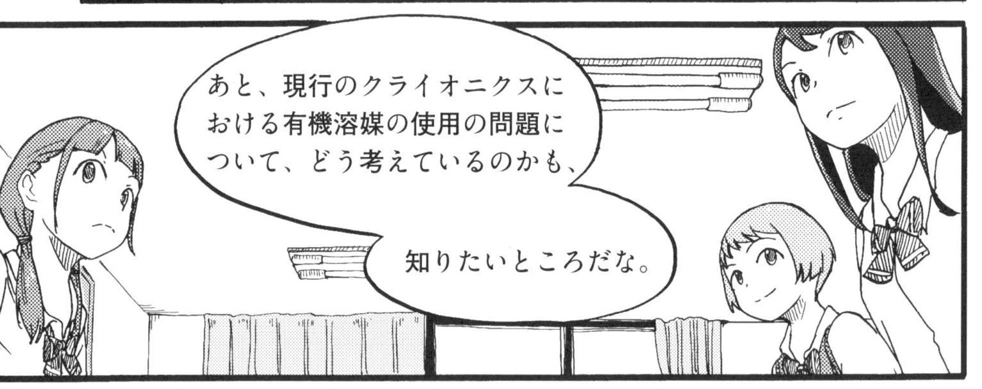
あと、現行のクライオニクスに
おける有機溶媒の使用の問題に
ついて、どう考えているのかも、
知りたいところだな。

いろいろな疑問が、
一度に解決しそう
ですね!!!

第4章

記憶の仕組みと、新しい解決手段の必要性

※第４章と第５章は、比較的に難解な解説が続きます。内容について途中でよく分からなくなった場合は、その場所から229ページまで飛ばして、229ページにある「第４章・第５章の概要（まとめ）」からお読み下さい。229ページから読み始めても、作品として話がつながるように本作品は構成してあります。

宇田川
日曜日
ガチャ
はーい
いらっしゃい！
どうぞ入って!!
こんにちは
今日はヨロシクねー！

ところで、例の
ユキナの親戚の博士は、
脱DNAプロジェクトとは
関係があったの？
うん。脱DNAプロジェクト
の一員として、計画に協力
しているって言っていたよ！

もうすぐ、こっちに着くと
メールがあったから、しばらく
居間でくつろいでいてね。
プロジェクターだっ!!
ユキナのお父さんが
映画マニアなんですよ
すごい設備だな！

あと、生物部での議論は、
ガラス化凍結法の
問題点まで進んでいると
説明しておいたから、
直ぐにでも話が
始められると思うよ。
ホント？
ありがとう
ちょうど
来たみたい！

注4.1：緒方博士は脱DNAプロジェクトの関係者という設定になっていますが、脱DNAプロジェクトに参加している特定の人物がキャラクターのモデルになっているのではなく、本作品中の架空の人物です。

そこなんです!
細胞や組織レベルの保存までしか実用化されていないガラス化凍結法を、いきなり人体に使ってしまっていて無理があると思うのです。

ユキナから経緯は聞いています。
海外で行われているガラス化凍結法によるクライオニクスに疑問を持たれたということですね??

最近の高校生は学習レベルが高い!
問題点を的確に把握している!

コーヒーどうぞー
そこで、単刀直入に聞きたいと思うのですが……。

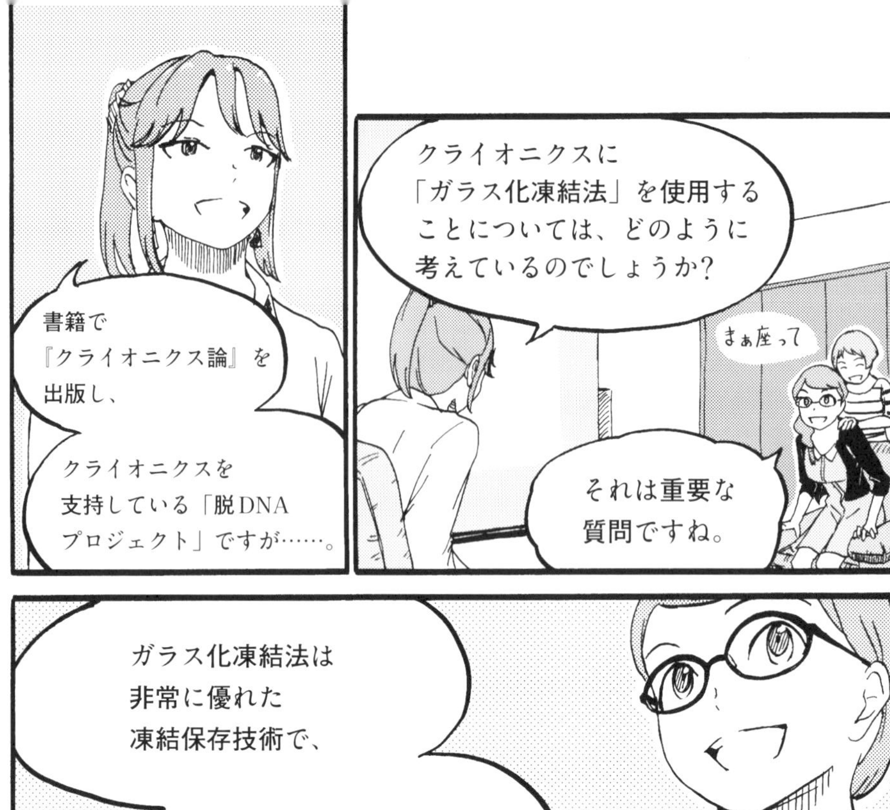
クライオニクスに
「ガラス化凍結法」を使用することについては、どのように考えているのでしょうか?
書籍で『クライオニクス論』を出版し、
クライオニクスを支持している「脱DNAプロジェクト」ですが……。
まぁ座って
それは重要な質問ですね。

ガラス化凍結法は非常に優れた凍結保存技術で、
実際に数々の分野で利用されています。

やはり、脱DNAプロジェクトでも、そのように認識しているのですか…。
ですが、それは先ほど指摘があったように「細胞や組織レベルの保管」における話であって、
人体全体や脳を保管する技術として確立しているとは、とても言えないでしょう。

ガラス化凍結法での問題点……。
つまり、有機溶媒を含む凍害保護液の強い毒性と、ガラス化に必要な急速冷却、

この2つにより保管対象の大きさが制限されるので、人体や脳の保管を可能にするのは難しいと?
そうです。ガラス化凍結法は、現在ではまだ数mmといった厚さの組織までしか、実用的な凍結保存法が確立されていない技術です。

ここまでの話は、以前の青木先生の説明と同じだわ。

そして、何より有機溶媒を使うという点で、ガラス化凍結法は神経の保存に向いていない。
つまり、神経の集合体である脳の保管には極めて不向きであると考えています。
これも、青木先生の考えと一緒だ!

クライオニクスでの
保管に最低限必要なことを
一言で表現するなら、
それは……。
脳に修復不可能な
損傷を起こさない
ことです。
少なくとも、これだけは
達成されている必要があります。

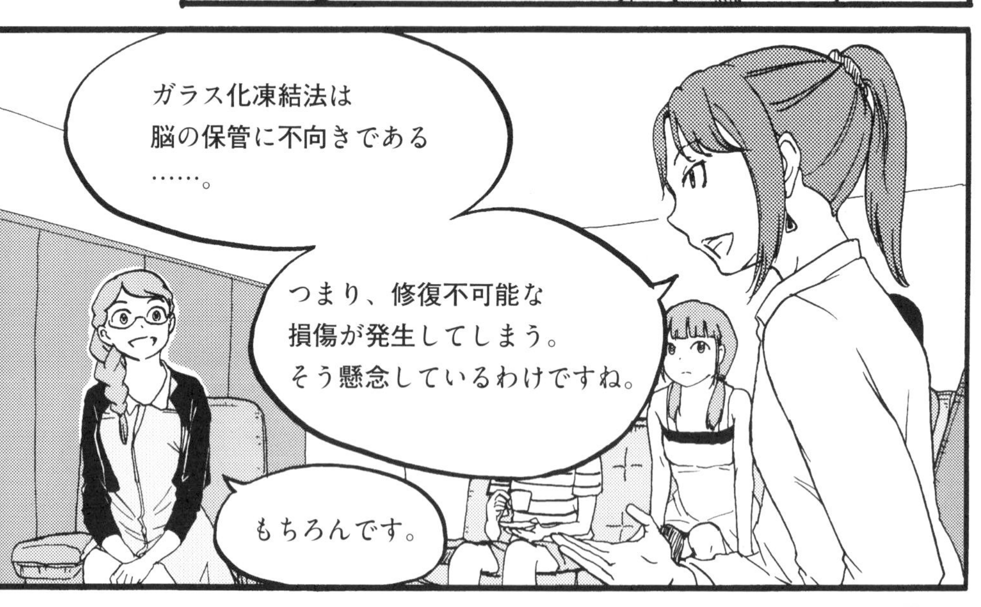
ガラス化凍結法は
脳の保管に不向きである
……。
つまり、修復不可能な
損傷が発生してしまう。
そう懸念しているわけですね。
もちろんです。

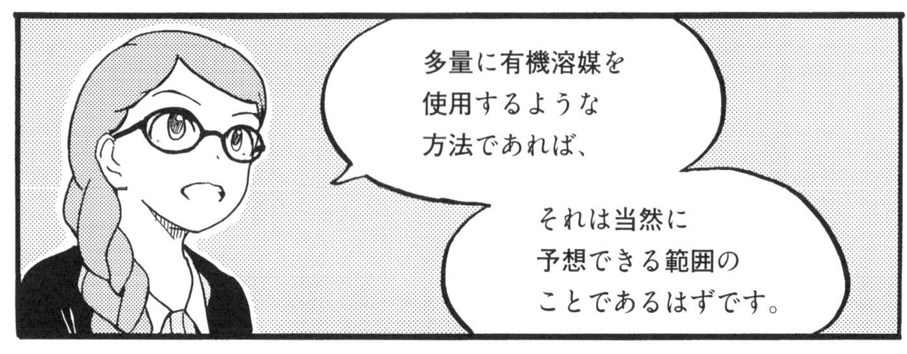
多量に有機溶媒を
使用するような
方法であれば、
それは当然に
予想できる範囲の
ことであるはずです。

ガラス化凍結法では、
脳内の記憶が消去される
レベルの損傷が起きるのを
避けるのは難しく、
特に脳内の「脂質で構成される
微細構造の溶解」という
最悪の事態も考えられると?
しかし、数百年先の
遠い未来の技術なら
情報の回復も
あり得そうな気が
……。
そうです。
そして、溶解による
情報の喪失というのは、
どんなに科学技術が
発達しようと回復させる
ことが不可能でしょう。
やはり、それでも
無理なのですか?
それですが
……。

溶解の場合は、
情報そのものが
喪失します。
不可能といっても
過言ではないでしょう。

例えば、ここにある
コーヒーですが……。

簡単に説明
するなら……。

仮にですが、この
コーヒーの容積が
180 mLあったとして、
それに24 gの
砂糖が溶けていた
とします。
それ絶対に
甘すぎだよ!!
甘党
なのか?

では、ここで問題ですが、
この24 gの砂糖は、
溶ける前にどのような
形状をしていたか、
それを
「溶液を調べること」で
確定することは
可能でしょうか?

この4択から正解を
選択するとしたら?

(1) 角砂糖(2g)が12個

(2) 角砂糖(3g)が8個

(3) 角砂糖(4g)が6個

(4) 粉状の砂糖が24g

それは……。
溶ける前の砂糖の
状態を、溶液を調べて
確定するなんて
不可能では……。

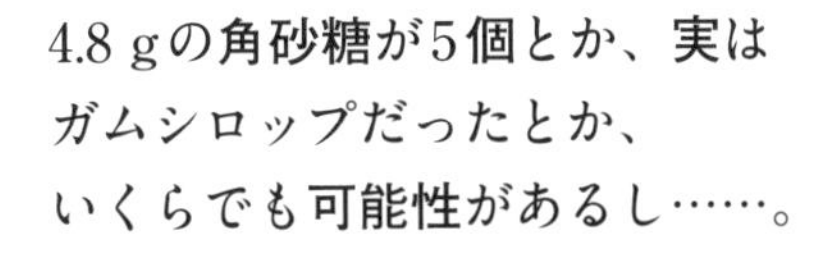

そうです。
溶けてしまっては、元の状態がわかるはずがない。

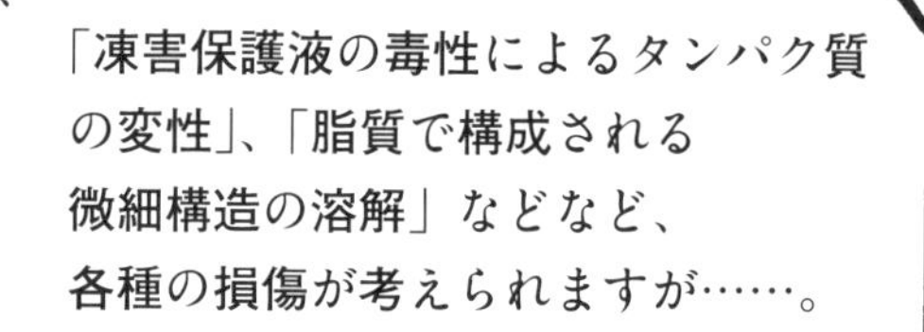
クライオニクスにおける脳の損傷というのは、「凍結までの酸欠状態による細胞死」、「凍結時の物理的な亀裂の発生」、
「凍害保護液の毒性によるタンパク質の変性」、「脂質で構成される微細構造の溶解」などなど、各種の損傷が考えられますが……。

これらの中でも「脂質で構成される微細構造の溶解」、
これだけは何としても避けなくてはいけません。
そうか!どうしたって元の状態がわからなくなるから、遠い未来の技術でさえ修復は不可能になる!
これは確かに……。脂質を溶かす有機溶媒の使用は避ける必要がありますね。
溶解だけはダメなんだ!ヒトの脳を推測で修復したって意味がない……。

有機溶媒の使用量を軽減した新規な解決手段の必要性

溶解が致命的な問題であるのは、確かなことですが……。

では、クライオニクスに有機溶媒を使用することによって、具体的に脳内の神経細胞では、どのような部位に損傷が起きると予想しているのですか？

詳しくは資料を用意しているので、プロジェクターで説明しましょう。

これは脳内の神経細胞（ニューロン）と髄鞘（ミエリン鞘）の模式図です。注4.2

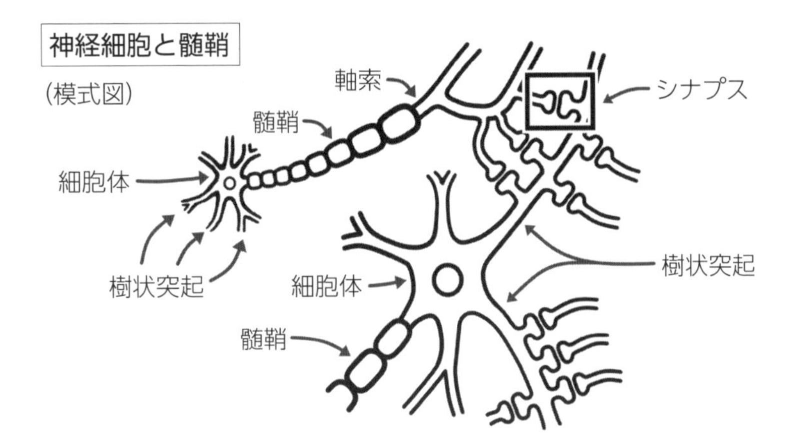

注4.2：狭義には細胞体のみを神経細胞というが、本作品では細胞体、軸索、樹状突起からなる「神経単位」を神経細胞と表記している。

ヒトの脳内には、神経細胞（ニューロン）が1000～2000億個存在し、神経回路を構築しています。

この神経細胞の軸索における電位差の伝播によって、神経系での情報伝達がなされているのですが……。

その軸索を被覆し、絶縁体としての役割を果たしているのが髄鞘（ミエリン鞘）です。

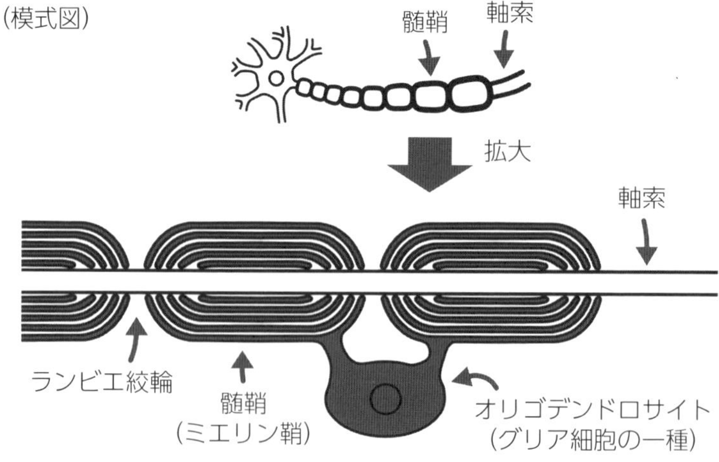

髄鞘（ミエリン鞘）は、オリゴデンドロサイトというグリア細胞の一種によって形成されています。図のように膜構造が何重にも巻き付いており、その成分の殆どが脂質です。

そして脂質が主成分である、この髄鞘（ミエリン鞘）は有機溶媒の慢性中毒により損傷を受ける場所として、一般的によく知られています。

有機溶媒は脂質からなる構造を不安定化させ、ダメージを与える……。

そうです。
現実に、有機溶媒を使用するような職業では労働災害として慢性中毒症が発生することがありますが……。

これは有機溶媒が揮発した空気を吸い込むことにより、脳内に有機溶媒が移行して、脂質に富む髄鞘内に有機溶媒が蓄積され、やがては髄鞘に損傷が出ることが主な原因であると考えられています。[注4.3]

有機溶媒の使用時に換気に気を付ける必要があるのは、このためですね。

そのとおりです。

注4.3：トルエンやトリクロロエタンなどは脂溶性の高い非極性溶媒であるので、特に脳に移行して蓄積しやすく毒性も高い。このような非極性溶媒とは異なり、ガラス化凍結法に使用されるジメチルスルホキシドやエチレングリコールなどは極性溶媒に分類され、脂溶性だけでなく水溶性も兼ね備えるので体外に排出されやすい。極性溶媒に分類される有機溶媒に関しては、蓄積ではなく瞬間的な濃度上昇による毒性が主な問題になると予想される。

有機溶媒の危険性を示す一例として、脂質を多く含む髄鞘が損傷する話は有名ですが……。
実際には、脂質は髄鞘だけでなく脳内のあらゆる場所で微細構造を形作る構成要素として多用されているので……。

脳は、「脂質で構成された部品」が数多く使われた「超精密機械」と捉えることもできます。

そう考えれば……。

クライオニクスでは脳に損傷を与えずに保管するのが重要であるのに、ガラス化凍結法による保管では、脂質を溶かす性質のある有機溶媒を多量に使う。これが、いかに矛盾したことであるのかが理解できると思います。

有機溶媒の毒性の強さについて、質問があるのですが……。
トルエンのように極性が低く脂溶性が強い有機溶媒は、特に危険性が高いのは理解できます。

しかし、ガラス化凍結法で使われる有機溶媒であるジメチルスルホキシドやエチレングリコールは、比較的に極性の高い有機溶媒ですので、トルエンより脂質を溶かす能力は弱いのではないでしょうか？

確かにトルエンに比べれば、それらの有機溶媒の極性は高いですが……。水と比較するとどうでしょう？

そうか、生体に使用するのだから、比較対象は水なのか！

水は特異的に極性の高い溶媒であるので、それに比較すればジメチルスルホキシドやエチレングリコールも低極性の溶媒になる！

そうです。水は特異的に極性が高い。
なので、ガラス化凍結法で使われる凍害保護液にジメチルスルホキシドなどが高濃度に含まれていれば、その凍害保護液は水に比べれば低極性な溶液になりますね。

ジメチルスルホキシドなどはトルエンに比較すれば脂質を溶かす能力は低いけど、溶液全体の極性が大きく変わるほど高濃度に含まれていれば、問題ないとは言えなくなるのですね。

極性についての具体的な比較ですが……。
ここに、溶媒の極性を表す指標の一つである「Snyderの極性パラメーター」を、一般的な溶媒について示します。数字が大きいほど、極性が高い溶媒です。

10.2	水（Water）
7.2	ジメチルスルホキシド（Dimethylsulfoxide）（DMSO）
6.9	エチレングリコール（Ethylene glycol）
6.4	ジメチルホルムアミド（Dimethylformamide）
5.8	アセトニトリル（Acetonitrile）
5.1	アセトン（Acetone）
4.4	酢酸エチル（Ethyl acetate）
4.3	エタノール（Ethanol）
4.0	n-プロパノール（n-Propanol）
3.1	塩化メチレン（Dichloromethane）
2.4	トルエン（Toluene）
0.1	n-ヘキサン（n-Hexane）

どの有機溶媒も、みごとに水より極性が低いですね！

そうです。
極性の違いの問題があるので、水の代替になる有機溶媒は存在しないと言っても過言ではありません。

基本的に、どの有機溶媒にも極性の差に由来する毒性があるのです。

普段、我々がこのような極性の差に由来する有機溶媒の毒性を強く意識することがないのは、皮膚の表層にある「角質層」という厚い防御壁で守られているからです。

エタノールも、少量を皮膚につける分には安全ですけど、細菌などはエタノールで殺菌されてしまいますね。

そうです。このエタノールの殺菌作用も、基本的には水との極性の差に起因しています。

エタノールによる溶液系の極性変化により、細菌の細胞膜の溶解やタンパク質の変性が起きて細菌が死滅するのです。

細胞膜を構成するリン脂質は、親水性の頭部を外側に向け、疎水性（脂溶性）のアルキル鎖を内側に向けています。また、タンパク質も高次構造を構築するにあたって、親水性のアミノ酸残基を外側に、疎水性のアミノ酸残基を内側に向けています。

細胞膜（模式図）

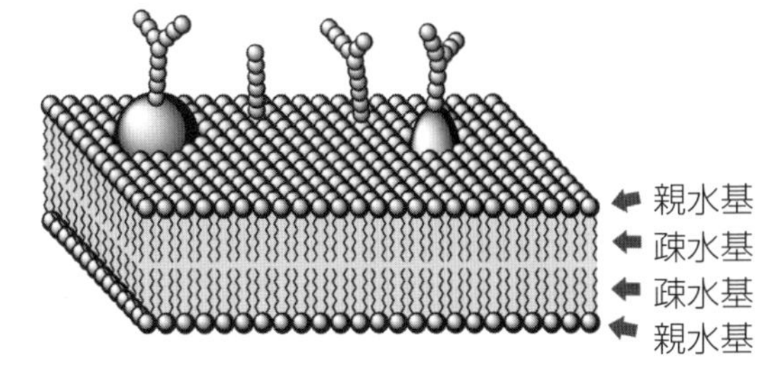

リン脂質＝ ← 親水基 ← 疎水基

※模式図ですので、リン脂質のアルキル鎖の長さは、実際よりも短く表記しています。

（リン脂質の親水性の頭部を外側（水溶液側）に向けて、二重層構造を形成。）

ようするに、「細胞膜の脂質二重層」や「タンパク質の高次構造」など、そういった構造の秩序というものは、「水の特異的な極性の高さ」を原動力に保たれていて、エタノールはその秩序を壊すのです。

そして、このような現象はエタノールだけではなく、全ての有機溶媒で起こり得る問題であって……。

凍害保護液に含まれる有機溶媒が多くなるほど、細胞膜の溶解やタンパク質の変性といった問題が発生するのです。

ところで、タンパク質を含む溶液にエタノールを多量に加えると「変性・凝集」して「沈澱」するのも、この溶媒系の極性変化によるものですよね？注4.4

そうです。そして、そういったタンパク質の変化は、基本的には「不可逆」です。

確かに、エタノールで沈澱させたタンパク質を分離して、その後に水に入れても、変性･凝集する前の状態には戻りませんね。

注4.4：「エタノール沈澱」とよばれる現象で、卵白水溶液を使用した「エタノール沈澱」の実験は、高校の授業で行う化学実験として有名である。

あの……。タンパク質は一次構造さえ保たれていれば、高次構造は確定する。つまり、未来での修復技術に期待するクライオニクスでは、タンパク質の変性は将来的に解決する問題ではないのですか？注4.5

そこまで単純な問題ではありません。軽度な変性であれば確かに「シャペロン」という酵素で元に戻ることがありますが、それは例外的な事例であって、タンパク質の重度な変性は基本的に元に戻らないと考えて下さい。

しかも、有機溶媒によるタンパク質の変性は１分子についての問題ではなく、体内の全ての場所で、変性や凝集が多発的に起こるのです。

そして凝集したタンパク質を元に戻すには、各タンパク質を引き剥がしていく過程が必要ですが、その過程でタンパク質の位置情報や分子複合体としての情報は失われるはずです。

確かに、完全に元に戻すのは……。不可能に近いですね。

注4.5：タンパク質が高度に変性しても、一次構造さえ保てていれば「全てを元の状態」にまで戻せるかという問題は、「ゆで卵を生卵に戻す」という問題に例えられることがある。

ところで、水と比較した場合の有機溶媒の極性の低さ、これに起因する脂質を溶かす能力についてですが……。

細胞膜の溶解の問題については、細胞膜を修復する技術が将来的に確立されれば、問題にならない可能性もあるのではないですか？

いえ、細胞膜は細胞同士の仕切りであって、これが壊れてしまっては隣接する細胞で全てが混合してしまうので、元には戻せなくなるでしょう。

しかも、細胞膜を代表とする形質膜全般は、情報伝達を担う場所でもあって……。

特に脳の神経細胞では、記憶の形成のメカニズムを考えた上で、絶対に壊れてはいけない重要な場所があるのです。

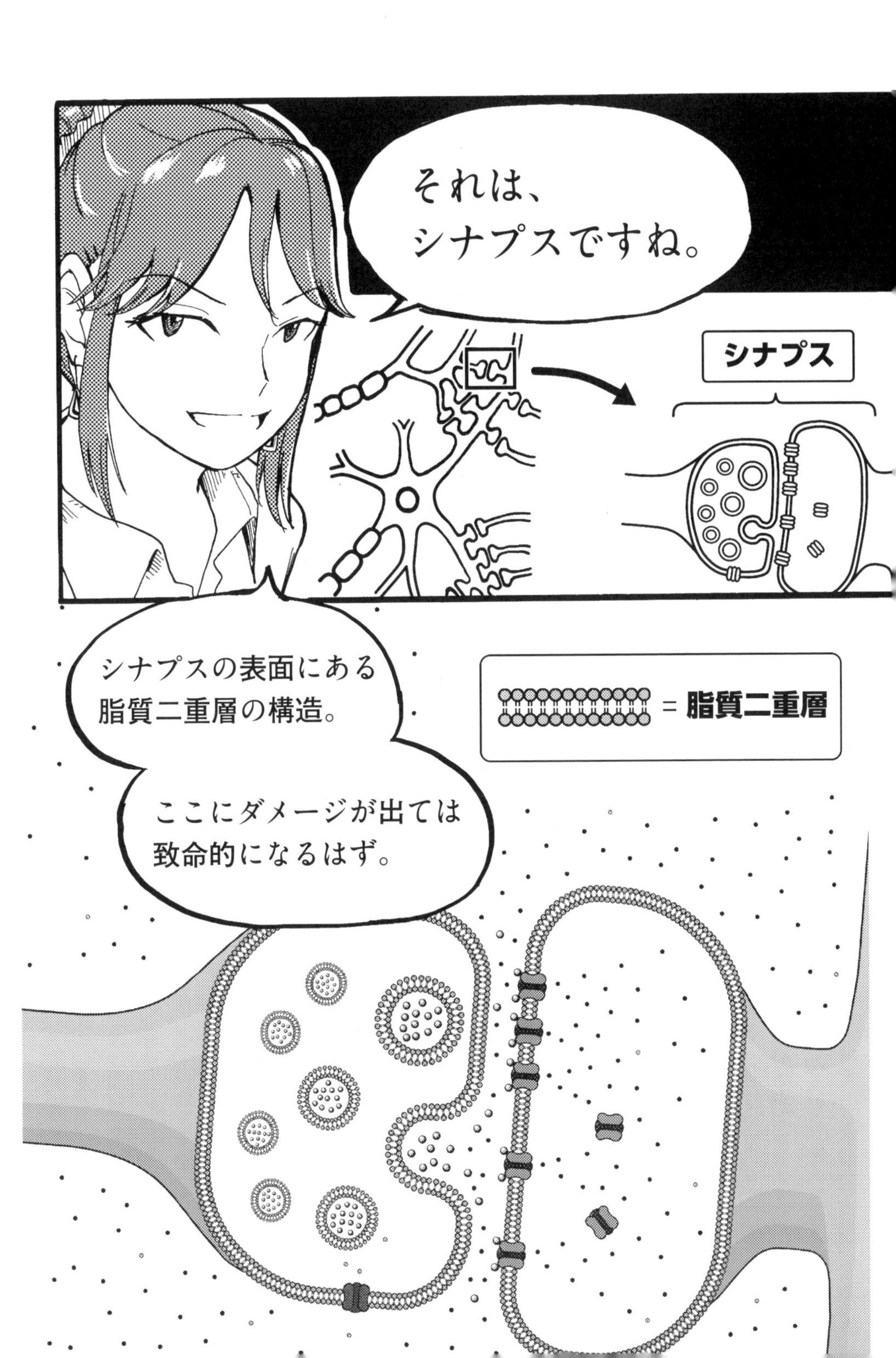
それは、
シナプスですね。
シナプス
シナプスの表面にある
脂質二重層の構造。
= 脂質二重層
ここにダメージが出ては
致命的になるはず。

そうです。シナプスです。そして、特にシナプスにあるシナプス間隙はシグナル伝達の要ですから、ここの脂質二重層の構造が壊れてしまっては神経細胞間の情報伝達ができなくなってしまうでしょう。

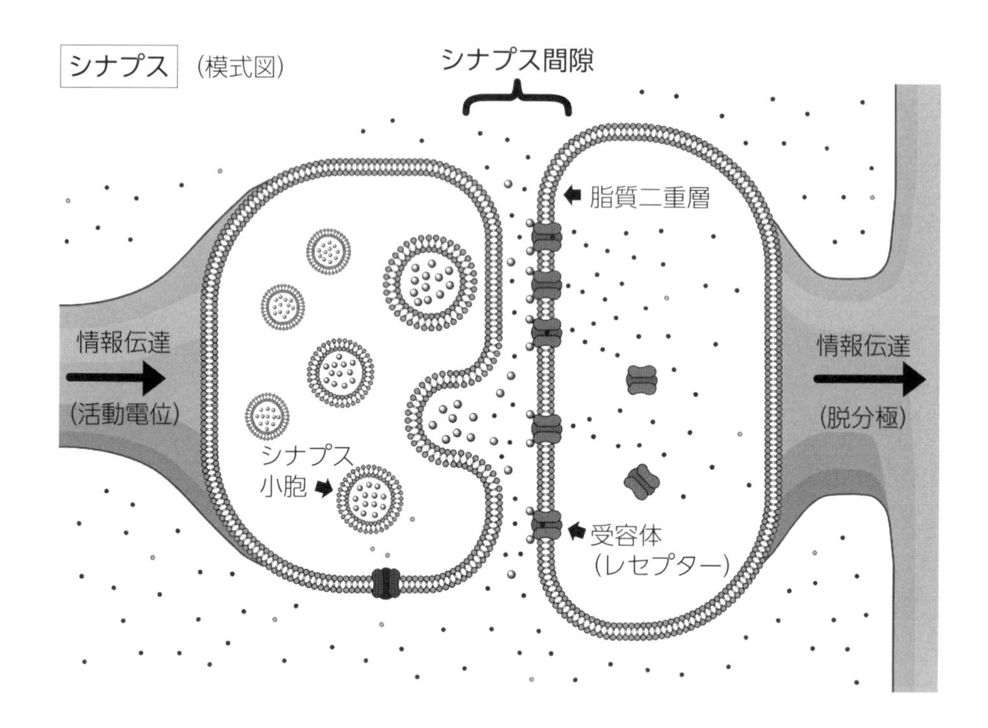

そうか。シナプス間隙にあるレセプター（受容体）は､「シナプス膜」[注4.6]という脂質二重層に浮いているようなものだから、いかにも有機溶媒には影響を受けそうですね。

脂質二重層の構造が溶けるように壊れる場合は、そこにレセプターがどの程度あったかなど、そういった情報が失われてしまうだろうな。

注4.6：シナプス膜は形質膜の一種である。脂質二重層で構成されているので、構造の本質としては細胞膜と同じである。

髄鞘にシナプス……。

神経細胞には、有機溶媒に影響を受けやすい場所が多いですね。

そうだ。実際に、脳は有機溶媒に対して一番脆弱な器官であるからな。

あの……。一つ疑問に思ったことがあるのですが……。

仮に髄鞘やシナプスが有機溶媒で破壊されてしまっても、神経細胞の軸索さえ残っていれば、神経回路の形状はわかる。つまり、修復が可能なのではないですか？

神経回路の推定による修復のイメージ （模式図）

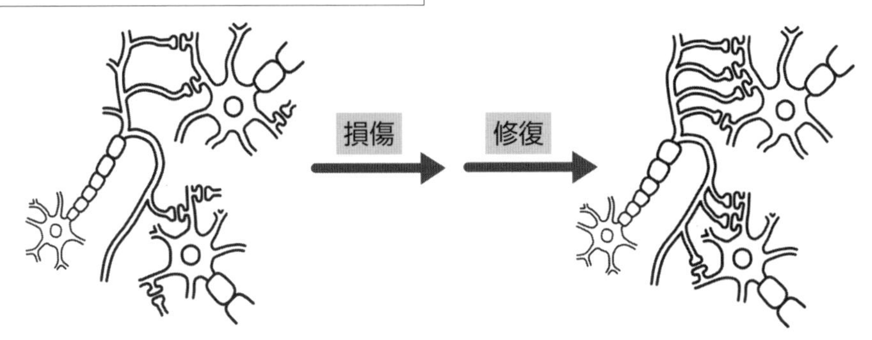

そこなのですが、個々の神経細胞において、髄鞘の厚さとシナプス数は異なりますし、シナプス間隙に存在するレセプター数も、それぞれのシナプスで異なるのです。

個々の神経細胞における差異 (模式図)

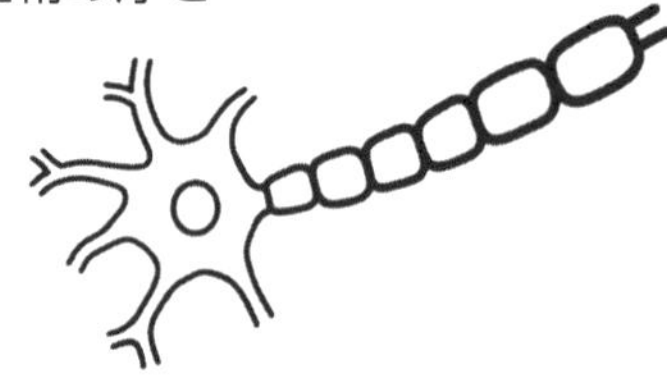
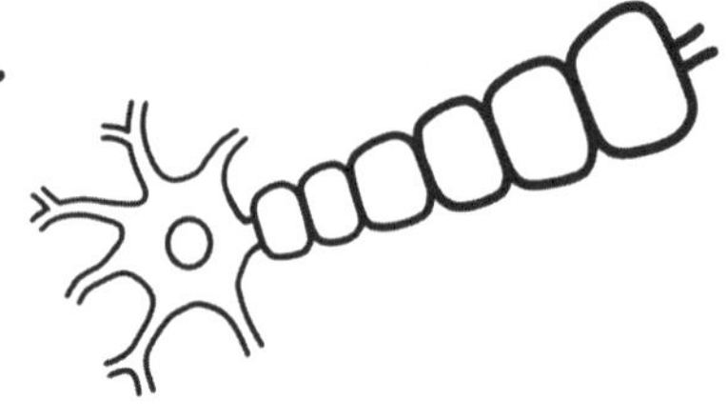

シナプス数

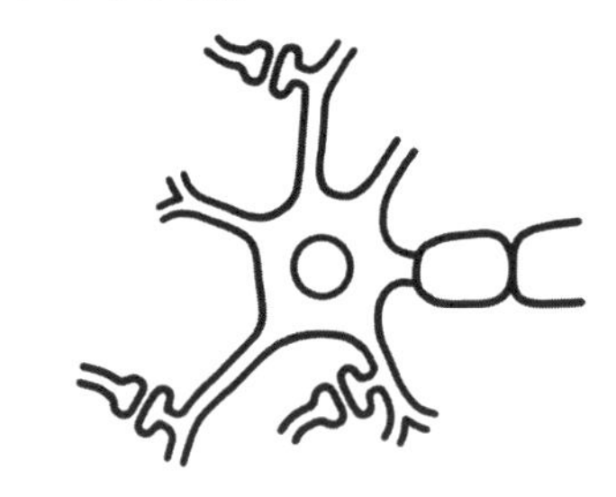
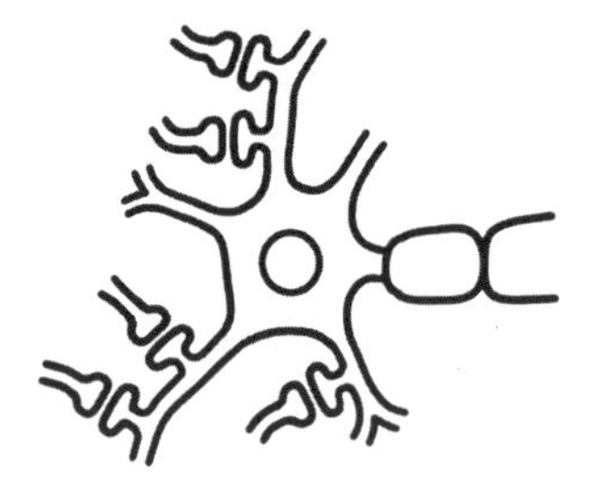

シナプスのレセプター数

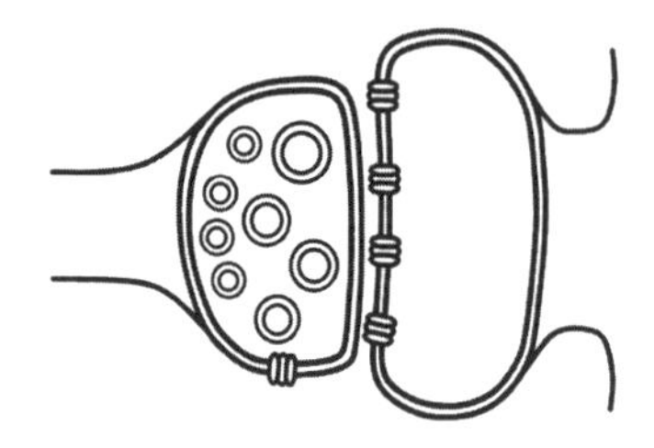
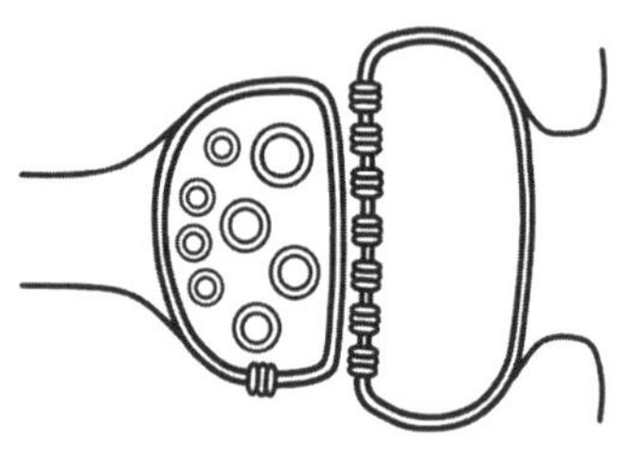

つまり、破壊された髄鞘やシナプスを推測で修復して、神経細胞が機能するようにしたとしても、それは以前の状態とは違う状態になります。

神経細胞は、それぞれが異なる固有の特性をもった細胞ということですね。

そうです。髄鞘の層構造の巻き付き回数が多くて厚ければ伝達速度が速くなりますし、シナプス数やシナプス間隙のレセプター数が多ければ伝達効率が良くなります。

神経回路は電子回路とは異なり、構成単位である個々の神経細胞が同一の規格で作られているわけではない……。

そのとおりです。つまり、軸索だけが壊れずに神経回路としての形状が残っていても、それを修復して脳を元の状態に戻すというのは無理なのです。

そうか……。神経回路を電子回路と同様に考えてはいけないのね。個々の構成単位が全て固有の存在……。

確かに、これでは軸索だけが残っていても、元の状態は分からないわ。

仮定としての話ですが……。神経細胞の軸索だけが無事であって、全ての神経細胞を同じ規格で修復した場合は、どの程度までヒトの脳には記憶が残っているのでしょうか？

おそらくですが、全く記憶が残っていないと言ってよいほど、何も残っていないと考えられます。

軸索が残っているだけでは、記憶を回復するのに十分な情報がないということですか？

そのとおりです。

ここは重要であるので、少し詳しく説明しましょう。

ヒトの脳において記憶が形成されるとき、その情報は「脳内の構造の変化」によって蓄積されます。注4.7

注4.7：ここでは記憶の形成における「脳の可塑性」について言及している。ある変化が起きて、それが維持されることが「可塑性」である。脳に「可塑性」があるから記憶が形成され、そして記憶を保持することが可能になる。

では、記憶の形成前と形成後で……。

主に、どこでどのような変化が起きて情報が蓄積されるのでしょうか？
候補を３つ挙げるので、どれが正解であるか考えてみて下さい。

(1) 神経細胞数の増加

(模式図)

(2) シナプス数の増加

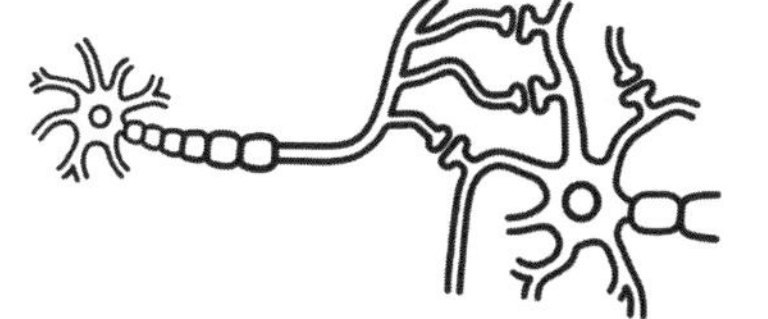

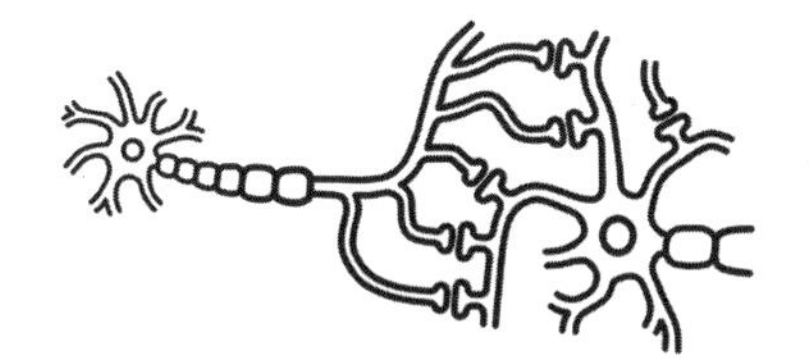

(3) シナプスでの伝達効率の向上

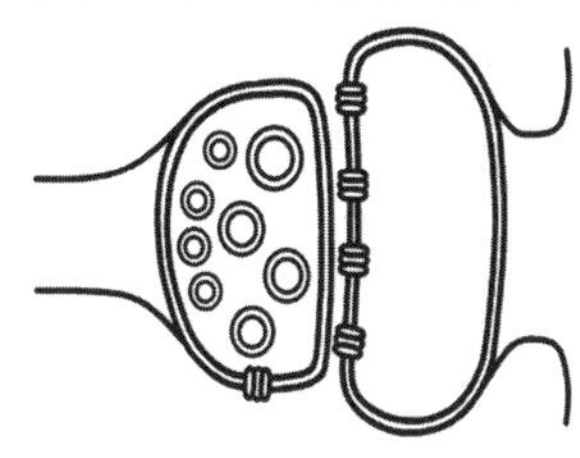

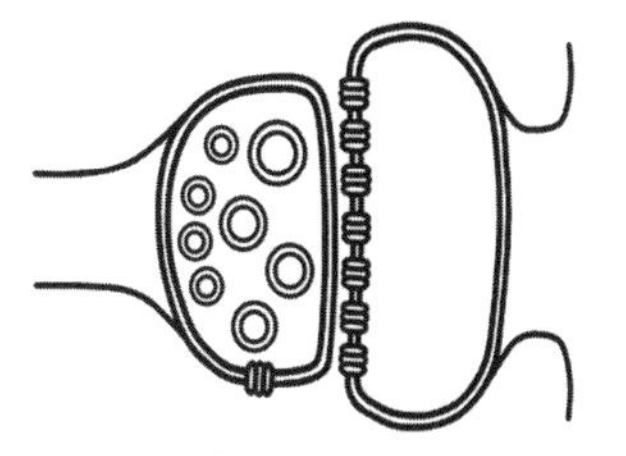

この問題は簡単だわ！
答えは（3）の「シナプスでの伝達効率の向上」です。

特に、「レセプター数の増加」による「シナプスでの伝達効率の向上」が記憶の形成の要因で、これが重要です。

だって、成人では神経細胞数もシナプス数も増加しないけど、それでも記憶は新しく増えていく。（1）や（2）が正解では、成人は全く物事を記憶できなくなってしまうことになるわ。

さすがですね！そのとおり（3）が正解です！

一般的には、脳内における「神経細胞数の増加」は3歳ぐらいまで、「シナプス数の増加」は12歳ぐらいまでと考えられています。[注4.8]

ご指摘のとおり、記憶の形成が「神経細胞数の増加」や「シナプス数の増加」を主要因として起きる現象なら、成人では物事を記憶することが不可能になるので……。

記憶を形成する上で重要であるのは、シナプスでの「レセプター数の増加」、それに伴う「シナプスでの伝達効率の向上」ということになりますね。[注4.9]

注4.8：成人になってもシナプス数は局所的には発芽により増加するが、ここでは除外して、シナプスにおける伝達効率の向上が重要であるとする一般論を述べている。

注4.9：反復刺激によるスパインの肥大化については、説明を簡略化するために省略している。

（1）の「神経細胞数の増加」や（2）の「シナプス数の増加」に比べて、（3）の「シナプスでの伝達効率の向上」は、必要な労力が少なくて済みますからね。

最も労力が少なく、効率の良い方法で記憶が形成されるわけです。

そうか！シナプスにおける伝達効率の向上が、記憶の形成での主要因であるから……。

シナプスは完全な状態で保管されている必要があるのね!![注4.10]

注4.10：ヒトの脳に存在する1000億～2000億個の神経細胞（ニューロン）は、それぞれが数千～数十万個のシナプスを介して相互に連結している。そして、その個々のシナプスに記憶を形成する情報が存在していることを考えれば、この膨大な数のシナプスを完全な状態で保管できることが、実用的クライオニクスにおいて必須の条件になる。

ここで凄く簡単にですが、記憶の形成時に、どのようにしてシナプスでレセプターが増えるのかについて説明しておきましょう。

印象的な出来事などがあると、シナプスにはごく短時間に繰り返し信号が送られてくることがあります。

このとき、シナプスの内部に格納されていたレセプターの「在庫品」が、脂質二重層の構造を持つ「シナプス膜」を貫通する形で表面に出てきます。注4.11、注4.12

反復刺激によるシナプス膜でのレセプター数の増加

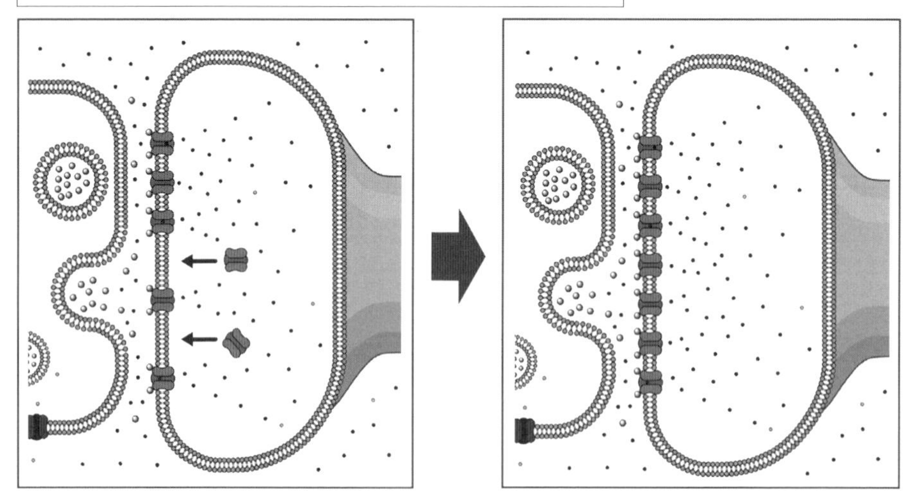

注4.11：シナプス膜には、シナプス前膜とシナプス後膜があり、本ページの図でレセプター数が増加しているのは、シナプス後膜である。

注4.12：スパインの内部からシナプス後膜に移動しているレセプターは、AMPA型グルタミン酸受容体である。AMPA型グルタミン酸受容体は、イオンチャネル型グルタミン酸受容体の一種で、このAMPA型グルタミン酸受容体のシナプス後膜での増加が、シナプスでの伝達効率の向上の主な要因であると考えられている。

レセプター数が増加したので、伝達効率が良くなり新しく電気の流れ道ができたことになります。注4.13

このような変化により、短期記憶が形成されると考えられており、この時に起きるシナプスでの「伝達効率の向上」は、「前期長期増強（E-LTP：Early Long Term Potentiation）」と呼ばれています。

・シナプスでの「伝達効率の向上」

前期長期増強（E-LTP）
（短期記憶の形成）

このレセプター数の増加は時間が経過すると元に戻ってしまい、短期記憶は消えてしまいます。

注4.13：シナプス後膜でAMPA型グルタミン酸受容体が増加するまでには、実際は数段階のステップがあり、そのステップとは「スパイン内部へのCa^{2+}流入によるCa^{2+}濃度の上昇」、「CaMK Ⅱ（Ca^{2+}/カルモジュリン依存性キナーゼⅡ）の活性化」、「CaMK ⅡによるAMPA型グルタミン酸受容体のリン酸化」、「AMPA型グルタミン酸受容体のシナプス後膜への挿入」である。

しかし、より長くシナプスに継続して電気信号が送られると、新規に合成されたタンパク質により、シナプス膜に移動したレセプター数の増加が維持されます。

このシナプスでの「伝達効率の向上の維持」は、「後期長期増強(L-LTP：Late Long Term Potentiation)」と呼ばれています。

• シナプスでの「伝達効率の向上の維持」

後期長期増強（L-LTP）
（短期記憶が長期記憶へと変化）

このシナプスにおける後期長期増強（L-LTP）により、記憶が長期間維持されると考えられています。[注4.14]

注4.14：記憶の形成における脳の可塑性の一例として、最も主要なものと考えられている「シナプス後膜におけるAMPA型グルタミン酸受容体数の増加」を示した。本作品では紙面の関係上、数ある変化のなかで、このAMPA型グルタミン酸受容体の例のみを説明している。

つまり記憶の形成とは、
シナプス膜へのレセプターの
移動や、シナプス膜での
レセプター増加の維持など、
主に「分子レベルでの変化」
に起因しているのね。

これでは……。
有機溶媒を含む凍害保護液
によって、シナプスの
表面にあるシナプス膜が
洗い流されてしまっただけで、
記憶は消えてしまうわね。
記憶の形成に関する
変化の多くが
シナプス膜……、
つまり「脂質二重層」
という油膜の上で
起きているのだから
……。
脂質二重層
拡大
= リン脂質
※模式図ですので、リン脂質の
アルキル鎖の長さは、実際よ
りも短く表記しています。

とても繊細で脆いというか、
油膜の上に情報が
書き込まれているというか……。
ユキナ
※イメージです。

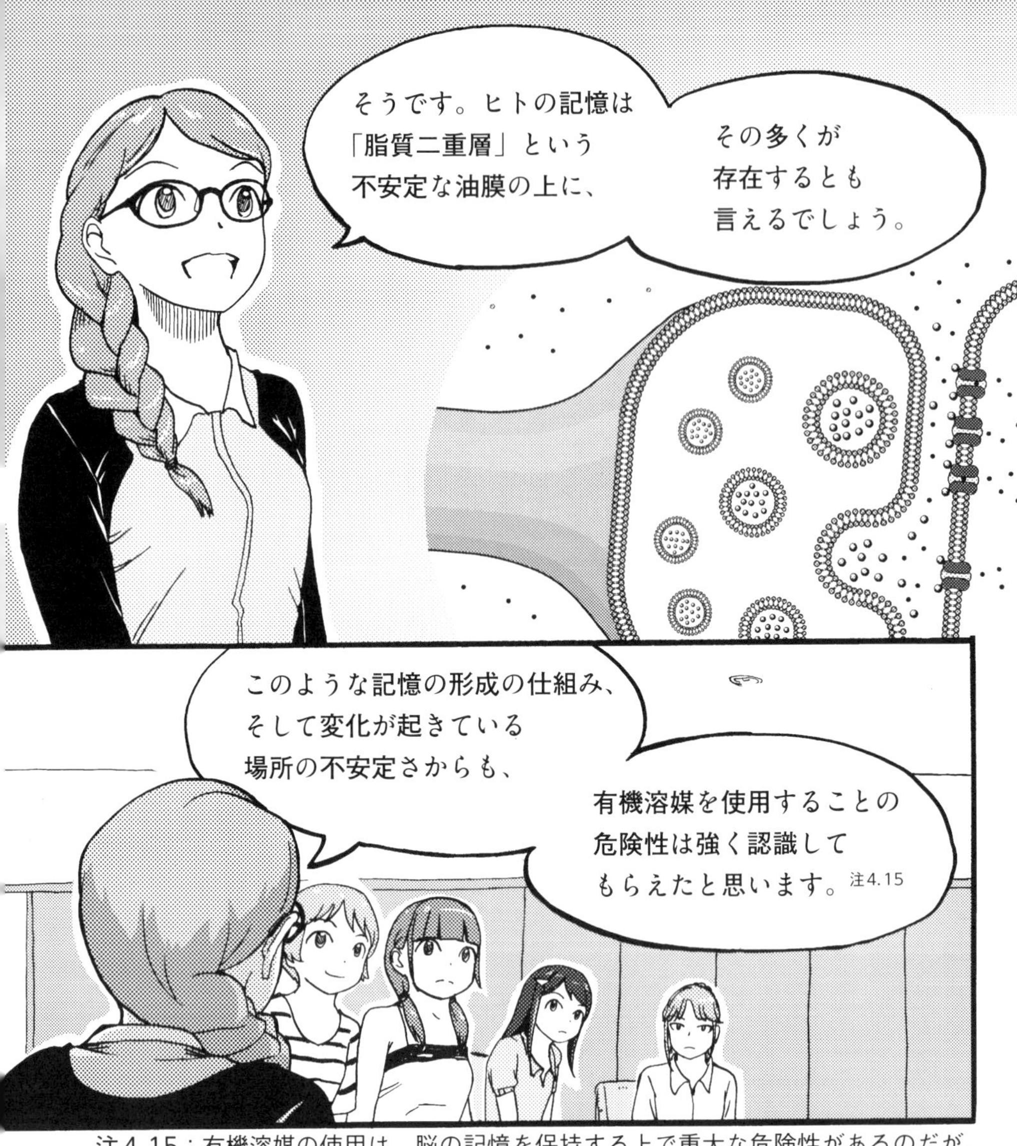

注4.15：有機溶媒の使用は、脳の記憶を保持する上で重大な危険性があるのだが、クライオニクスにおける近年の保管方法は、この問題を軽視する傾向が強い。海外では「ガラス化凍結法」による現行のクライオニクスの他に、「アルデヒド安定化低温保存法（ASC）」と呼ばれる「化学固定」と「ガラス化凍結法」を併用した新しい方法でクライオニクスを行おうとする動きがある。しかし、この「アルデヒド安定化低温保存法（ASC）」も、最終的にはガラス化の段階で有機溶媒を使用するので、記憶の保持で重大な問題が生じると予想される。しかも、この「アルデヒド安定化低温保存法（ASC）」は、ホルマリン標本の作製の原理と同じ「化学固定」が使用されているので、生体として蘇生する可能性が完全に閉ざされていると捉えるのが妥当である。つまり、「化学固定」による弊害と、「有機溶媒の使用」による弊害、この両方のデメリットを併せ持つ保管方法であると考えられる。（詳細は、巻末の268ページを参照）。

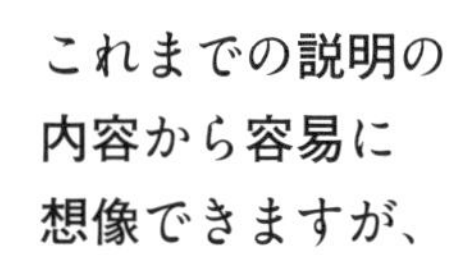
これまでの説明の内容から容易に想像できますが、
クライオニクスにおいて有機溶媒を多量に使用する方法を選択している限りは、記憶を保持したまま脳を保管することは非常に困難であると考えられます。

ですので、脱DNAプロジェクトとしては……。

有機溶媒を使用しない条件で脳を保管することが可能であれば、それが最善の方法と考えています。

もし仮に有機溶媒を使用する必要性があっても、それは最低限の量に抑えるべきであり、
使用する溶液系の極性を変えてしまうような量を使うのは避けるべきです。

具体的に、有機溶媒の使用を極力抑えた条件でのクライオニクスというのは、
どのような「解決手段」により達成を目指すのでしょうか？

その点についてですが……。

そうだ。これが今日一番に知りたかった、「クライオニクスを実用的な技術として確立するための解決手段」であり、
そして「脱DNAの生命観を達成するための解決手段」だわ。

ではこれから、その「解決手段」について説明しましょう！

第５章

クライオニクスの実用化、このための解決手段とは？

※第４章に続き、第５章も比較的に難解な解説が続きます。内容について途中でよく分からなくなった場合は、その場所から229ページまで飛ばして、229ページにある「第４章・第５章の概要（まとめ）」からお読み下さい。229ページから読み始めても、作品として話がつながるように本作品は構成してあります。

脱DNAプロジェクトとしては……。

実用的クライオニクスの確立、この目標達成のための具体的な解決手段として、
この2つを想定しています。

実用的クライオニクスの確立、
この目標達成のための解決手段
（1）過酷な環境で生きる生物の模倣
（乾眠のメカニズムの応用）
（2）緩慢凍結法の改良
（有機溶媒の大幅な削減）
まず1つ目は、「過酷な環境で生きる生物の模倣」です。

クライオニクス実用化のための２つの解決手段

過酷な環境で生きる生物の模倣!!
これは、書籍の『クライオニクス論』で指摘されていた方法ですね!!

そうです。より具体的には、乾眠を行う「ネムリユスリカの幼虫」や「クマムシ」などの生物を模倣するべきだと考えています。

これらの生物は脱水して乾眠に移行する過程で、細胞内の溶質が「ガラス化」して固相状態になります。

常温でガラス化するので、この現象は「常温ガラス化」といわれています。

ガラス化凍結法では有機溶媒の使用と急速冷却の２つが必須になりますが……。

乾眠を行う生物は、この２つのどちらも必要とせずに「ガラス化」を達成していることになります。

つまり、過酷な環境で生きる生物の模倣を、目標達成のための「解決手段」にするというのは……。

トレハロースやLEAタンパク質をといった「天然由来の化合物」を使用することによって、有機溶媒を極力排除して、人体もしくは脳を「常温ガラス化」する技術を確立するということですか？

そうです！そのとおりです!!

有機溶媒を使用しないなら、その毒性を気にしなくて済むし……。

常温でガラス化するので、ガラス化凍結法と違って急速冷却の過程がないのが有利ですね。液体窒素での冷却時に発生する「ひび割れ」を気にしなくて済むのは大きいです!!

そのとおりです。

特に、脳に「ひび割れ」ができるというのは恐ろしいことで、場所によっては致命的になります。

例えば、仮に前頭葉に「ひび割れ」ができたとすれば、それが微細な「ひび割れ」であっても人格そのものが変化してしまうことになります。

ガラス化凍結法によるクライオニクスでは、急速冷却時に生じる「ひび割れ」はナノマシンで修復することになっていますが……。

常温ガラス化によるクライオニクスでは「ひび割れ」を全く生成させずに、ナノマシンに依存せず蘇生することを想定している。そういうことですか？

そうです。ナノマシンで脳の「ひび割れ」を修復できるようになるかは不確定です。そして、不確定な要素は排除しておくべきだと考えています。

あとから修復不可能と分かってからでは遅い。だから、不確定な要素は保管時に排除しておく必要があるのですね。

そうです。未来の修復技術に過度に期待するのは、危険なのです。

ところで、生物の乾眠を模倣するのであれば、重要なのは「冷却」ではなく「乾燥」であるので……。

正確には、それはクライオニクスとは異なるものであって、他の名称が使われるべきではないですか？

（そうか、「Cryo」は低温を意味するのだから……。）

そうですね。最終的にはクライオニクスという名称ではなく、何か他に新しい名称が必要になるのかも知れません。

ただ「常温ガラス化」の処置を行った後に、経年による化学的変化を避ける為に、比較的に低温な環境で保管されることになるでしょう。

もちろん、液体窒素を使用するほどの低温は「ひび割れ」の発生が懸念されるため避けるべきでしょうが、それでも低温で保管する点はクライオニクスに類似したものになると思います。

次は、目標達成のための２つ目の手段ですが……。
２つ目は「緩慢凍結法の改良」です。

実用的クライオニクスの確立、
この目標達成のための解決手段

（1）過酷な環境で生きる生物の模倣
（乾眠のメカニズムの応用）

（2）緩慢凍結法の改良
（有機溶媒の大幅な削減）

これは、細胞工学の分野で使用されている「緩慢凍結法」のことでしょうか？

そうです。細胞の凍結保存法として実用化されている方法には「ガラス化凍結法」と「緩慢凍結法」の２つがありますが、その一方の「緩慢凍結法」です。[注5.1]

注5.1：細胞工学の分野における「緩慢凍結法」は、食品の冷凍保存の分野における「緩慢凍結」と明確に異なる技術である点に注意が必要である。前者は凍害保護液を用いることで細胞を生存させて凍結が可能な技術であるが、後者は食品を単純に「ゆっくり凍結させる」という意味であり、当然に細胞が生存した状態で凍結できる保存法ではない。

しかし、現在の「緩慢凍結法」は「ガラス化凍結法」と同様に、人体を保管できる技術ではないはずです。

ご指摘のとおりです。

この「緩慢凍結法」も、凍結保存が実用化されているのは「細胞と組織レベルまで」です。まだ、卵巣や腎臓などの器官全体の凍結保存は研究段階であり、実用化されていません。[注5.2]

（つまり、「緩慢凍結法」と「ガラス化凍結法」には、実用化レベルで大差がないということ？でも、それでは……。）

ではなぜ、その「緩慢凍結法」が目標達成のための２つ目の手段と成り得るのですか？

その理由は、「ガラス化凍結法」と「緩慢凍結法」の特性の差にあります。

注5.2：ヒトの卵巣（全体）を緩慢凍結法により凍結保存して、卵胞の75.1%が生存していたという報告例がある。これは研究段階での報告例であり、臨床で使用されている卵巣の凍結保存法ではない。巻末の参考文献17を参照。

2つの凍結保存方法について特性をまとめると、このようになります。

ガラス化凍結法

- 凍害保護液に、有機溶媒を使用（高濃度）
- 急速冷却のプロセスが必要

緩慢凍結法

- 凍害保護液に、有機溶媒を使用（低濃度）
- 急速冷却のプロセスが必要ない

「緩慢凍結法」も「ガラス化凍結法」と同様に、凍害保護液を使用する凍結法ですが……。
この「緩慢凍結法」で使用する凍害保護液は、含まれる有機溶媒の量が「ガラス化凍結法」に対し低濃度です。

つまり、神経系の保管には有利であると考えられ……。

ちょっと待って下さい!!!

使用される有機溶媒の濃度は、「緩慢凍結法」では確かに低濃度ですが……。それは、「比較的に低い」というだけです！

「緩慢凍結法」で使用される凍害保護液には、例えば10%の濃度でジメチルスルホキシドが含まれていたりしますが、それでも血管系に入れるには十分に高濃度ですし、まして神経系への影響を考えると……。

ごもっともな指摘です。「緩慢凍結法」で使用される有機溶媒の量は「ガラス化凍結法」に比較すれば低濃度ではありますが、それでも神経系に深刻な影響が出るはずです。

ですので、どこまで有機溶媒の濃度を低下させることが可能であるかが、重要な課題になります。

(「緩慢凍結法」で使用する有機溶媒の量でも多いのか……。)

これは現時点での推測ですが、「緩慢凍結法」のみ単体での目標達成は困難であって……。

1つ目に説明しました「常温ガラス化」の手法と組み合わせ、有機溶媒の量を軽減させることになるのではと推測しています。

トレハロースやLEAタンパク質を併用して、有機溶媒の使用量の減少を目指すということでしょうか?

そのとおりで、「緩慢凍結法」の効果を活かしつつ有機溶媒の使用量は許容範囲内に抑えるという考え方です。

ここでは詳細な説明は省略しますが、「常温ガラス化」の手法における乾燥の過程と、「緩慢凍結法」における凍結の過程では、両方とも細胞内で細胞質基質の濃縮が起こるのですが……。

この濃縮過程の類似性により、この二つの手法は相性が良いと考えています。

ところで「緩慢凍結法」の利点は、もう一つありまして……。

それは「緩慢凍結法」と「ガラス化凍結法」では冷却速度が異なり、「緩慢凍結法」は急速冷却が必要ではないことですね。

そうです。「緩慢凍結法」の名称が示すように、むしろ冷却速度が遅いことが重要であって、例えばプログラムフリーザーを用いて1分間に1℃低下させるといった、そういった速度で凍結を行います。

冷却速度が遅いことが利点……。つまり、保管対象が大きくなった場合でも対応できるということですね。

そうです。今の段階では「緩慢凍結法」にも保管対象の大きさに限界があり、ヒトの器官の完全な保存が可能な方法ではないのですが……。

急速冷却が必要でない分だけ、「ガラス化凍結法」と比較すれば保管対象のスケールアップに対応するための技術的な発展余地があるのではないかと考えています。

- ガラス化凍結法

　➡ 保管対象のスケールアップが非常に困難。

　（保管対象が大きくなるほど急速冷却が難しくなる。）

- 緩慢凍結法

　➡ 保管対象のスケールアップに技術的な発展余地あり。

　（1分間に1℃低下させるなど緩やかな冷却速度。）

そういえば、「緩慢凍結法」で使用される凍害保護液ですが、市販されている日本国内の試薬で非常に良いものが出てきていますね。

そうです。これは細胞懸濁液の凍結保存に関しての話ですが、100%に近い細胞生存率を達成できる高性能な凍害保護液もあります。

こういった「緩慢凍結法」における高性能な凍害保護液の出現を考慮すれば……。

なおさら、高濃度な有機溶媒を必要とする「ガラス化凍結法」に、こだわる必要はない。そのような結論になりそうですね。

ところで、目標達成のための１つ目の手段である「過酷な環境で生きる生物の模倣」について質問があります。

実用的クライオニクスの確立、
この目標達成のための解決手段

（1） 過酷な環境で生きる生物の模倣
（乾眠のメカニズムの応用）

（2） 緩慢凍結法の改良
（有機溶媒の大幅な削減）

トレハロースとLEAタンパク質、これらにより常温ガラス化が達成される科学的な原理についてですが……。

この２つの物質は、どのような性質を持つ化合物で、どのように作用して乾眠を行う生物の体内で常温ガラス化を達成しているのでしょうか？

非常に良い質問ですね。

では、それについて簡単に説明しておきましょう。

まず、トレハロースについてですが……。

トレハロースは天然に存在する二糖類の一種で、このようなブドウ糖（グルコース）２分子が連結した化学構造をしています。注5.3

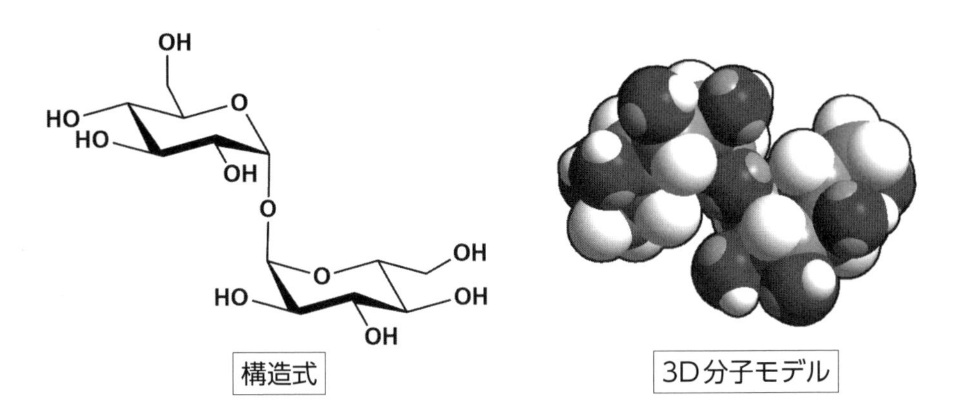

トレハロースは、このように水酸基（ヒドロキシル基）を多数有する親水性の高い構造であるので……。注5.4

タンパク質の表面で水素結合を形成している水分子と置き換わり、そして乾燥時に水に代わってタンパク質が変質・凝集するのを防いでいると考えられています。

注5.3：正確に表現するなら、２分子の「α-D-グルコピラノース」が「1、1-グリコシド結合」で脱水縮合した構造をもつ二糖類である。

注5.4：トレハロースは分子内に８個の水酸基を有する。

また、乾燥が進行し水分が減少してくるとトレハロースは非晶質の固体へと変化し、その過程で分子の動きを抑制して生体分子を安定化すると考えられています。

このような一連の効果により、乾眠に移行する過程でトレハロースは生体分子を保護していると予想されています。

トレハロースは、結晶化しないまま固形化し生体分子を保護する……。

そういうことです。

ところで、トレハロースの安全性についてですが……。

トレハロースが天然に存在する糖類であり、しかも食品添加物に使われるほど安全な物質であっても（**注5.5**）、さすがに高濃度となると生体内での毒性の問題が出てくるのではないでしょうか？

注5.5：トレハロースは、かつては商業的レベルで量産化されておらず高価な物質であったが、デンプンからの量産化技術が確立されて以降は安価に供給されるようになり、食品添加物や化粧品の素材として幅広く使われるようになっている。

その点なのですが、一般的な糖類であるブドウ糖よりも、トレハロースは更に毒性が低く安全性も高いのです。

？？？
ブドウ糖に毒性があるのですか？

そうです。
もともとブドウ糖はヒトの血液中に存在していますし、医療用の輸液にも含まれている物質であるのですが、ブドウ糖は高濃度になると微弱ながら毒性があります。

ブドウ糖には少量ながら鎖状構造のものが存在し、この鎖状構造のブドウ糖にあるアルデヒド基が毒性を示すのです。[注5.6]

ブドウ糖（グルコース）の水溶液中での平衡

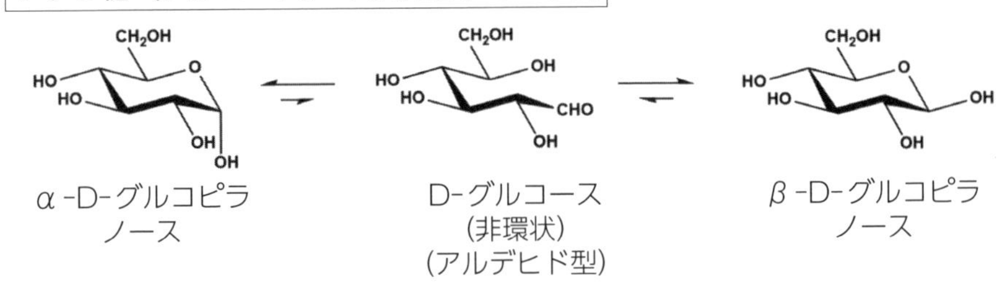

注5.6：ブドウ糖のアルデヒド基がタンパク質のアミノ基と反応することにより、タンパク質を変性させるので、高濃度のブドウ糖には微弱ではあるが毒性が存在する。このようなアルデヒド基を有する糖類とアミノ化合物との反応は、メイラード反応と呼ばれている。メイラード反応は、ガン化や老化の一因であるとも考えられていて、ヒトの体内で血糖値が高くなりすぎないよう一定に保たれているのは、この毒性を軽減するためとする説が有力である。

トレハロースはブドウ糖２分子が連結した化合物ですが、「アルデヒド基に変化する部分」で連結しているので……。

トレハロースにはアルデヒド基が存在しません。[注5.7]

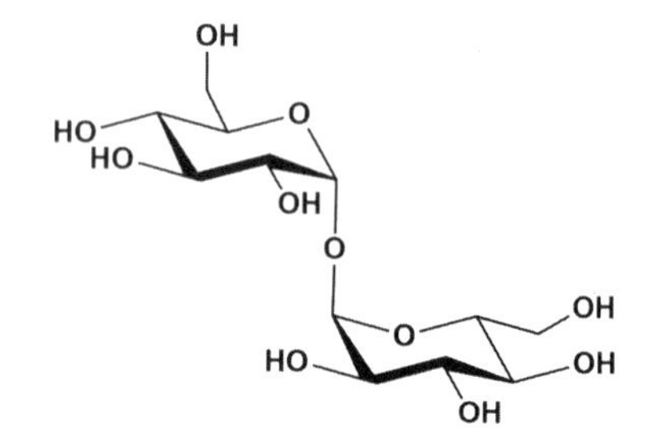

つまり、トレハロースはブドウ糖にあるような微弱な毒性も気にする必要がないので、特に安全な物質といえるでしょう。

トレハロースの安全性の高さ……。ネムリユスリカが乾眠時に蓄積する糖類がトレハロースであるのは、とても合理的な理由があるのですね。

注5.7：ブドウ糖にはアルデヒド基に由来する反応性があり、銀鏡反応を起こすことは有名である。トレハロースの構成単位はブドウ糖（グルコース）であるが､2つあるアノマー炭素の部分が「1, 1-グリコシド結合」で連結されており、アノマー炭素の２つともヘミアセタール構造ではなくアセタール構造になっているので、鎖状構造との平衡はなく還元性を示すアルデヒド基も存在しない。つまり、トレハロースにはアルデヒド基による毒性の心配がない。

ところで……。

実はトレハロースは安全な物質であるだけでなく、細胞膜を安定化する効果もあると考えられています。

この図を見てもらえると分かりやすいと思いますが……。

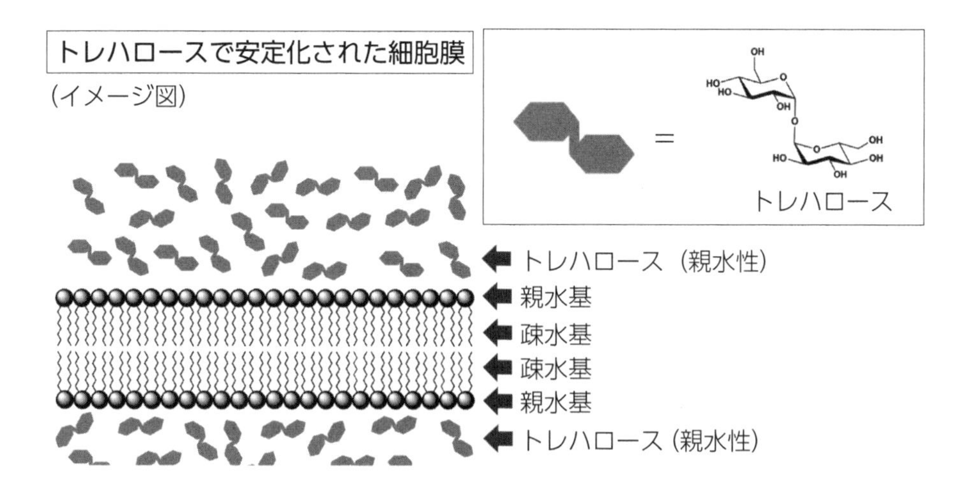

そうか、水酸基が多く極性の高いトレハロースは、リン脂質の親水性の頭部と相互作用するから、リン脂質からなる細胞膜の脂質二重層を正しい形で安定化させるのね。

逆に、有機溶媒の場合は、その極性の低さによりリン脂質のアルキル鎖と作用し、脂質二重層の構造を不安定化してしまう……。注5.8

脂質二重層を不安定化させる有機溶媒と、安定化させるトレハロース。これは対照的ですね。

そうです。そして、このトレハロースの細胞膜を安定化する効果は、シナプス膜の構造の保持にも、もちろん有利に作用すると考えられます。

次にLEAタンパク質ですが……。

LEAタンパク質は低分子量のタンパク質で、トレハロースと同様に親水性の高い物質です。

このLEAタンパク質もトレハロースと協同して、乾燥時にタンパク質が変質･凝集するのを防いでいると考えられています。

注5.8：疎水性（脂溶性）の分子や置換基などの間に働く作用に疎水性相互作用というものがある。これは水溶液中において疎水性の分子や置換基が集合する作用であるが、実際には特別の引力が働いているわけではなく、水分子同士の水素結合によって、疎水性の分子や置換基が「水溶液という極性液相」から排除されることにより起こる。

また、乾燥時にLEAタンパク質はα-ヘリックス構造という棒状の構造をとります。注5.9

LEAタンパク質

（模式図）

乾燥時にα-ヘリックス構造に
変化する親水性タンパク質

この棒状の構造により、乾燥時の細胞の強度を増やして、細胞が潰れてしまうのを防いでいると考えられています。

トレハロースとLEAタンパク質は、まさに乾眠のために存在するような物質ですね！

このような特性を利用すれば、自然界における乾眠に近い条件で、生体組織などを人工系で常温ガラス化する技術として発展させることが可能になるだろうし……。

しかも、有機溶媒が持つ性質とは対照的に、トレハロースやLEAタンパク質は、細胞膜やタンパク質を保護するから、毒性に対する懸念が少ない！

注5.9：LEAタンパク質は、一般的なタンパク質とは異なる性質を持つ特殊なタンパク質である。水分が十分にある水和状態にあるとき、LEAタンパク質は特定な高次構造にならずにランダムな構造をとるが、乾燥状態になるとLEAタンパク質はα-ヘリックス構造へと変化する。

こう考えると、ネムリユスリカなどをモデルにした常温ガラス化による生体組織の保管技術の確立、更にはそれを発展させて実用的クライオニクスの確立を目指すという考え方は、非常に合理的ですね。

そうです。ネムリユスリカなどの自然界で乾眠を行う生物、つまり常温ガラス化を達成する生物を模倣し応用することにより、効率よく実用化の研究を進めることができるでしょう。

このように、生物がもつ天然のメカニズムを模倣し人工系で同じシステムを構築する手法は「バイオミメティクス（生体模倣）」といって、非常に有用な手法です。

バイオミメティクスによるクライオニクスの確立……。

つまり、急速冷却が必須である人為的なガラス化により保管を行うのではなく……。

生体模倣による常温でのガラス化を行い、ガラス化した後に安全に冷却し保管する「バイオミメティック・クライオニクス」ともいえる全く新しい技術分野の開拓を行うのですね。

そのとおりです！

ところで、トレハロースとLEAタンパク質、この2つの「天然由来の化合物」の利用のみで、実用的なクライオニクスは達成可能なのですか？

いえ、トレハロースとLEAタンパク質だけでは、まだ十分ではありません。

常温ガラス化により水の結晶化から細胞を守るだけでなく、長期保管中に各種のストレスから人体を守る必要があり、その為に様々な保護物質を加える必要があると考えられます。

ですので、トレハロースやLEAタンパク質だけではなく、その他にも人工系・天然系を問わず複数の保護物質を混合して、クライオニクスに最適化した溶液を調製することになると予想しています。

その他にも複数の保護物質を混合する必要がある……。それは、どういった化合物でしょうか？

保護物質の例としては、抗酸化物質があります。

例えば、長期保管中に発生する酸化ストレスや、保管が完了して蘇生させる際の再水和過程で発生する強力な酸化ストレスから生体を守る必要があるので、何種類かの抗酸化物質を加える必要があるでしょう。

…………！

ここで一つ、クライオニクス実用化のためにクリアしなくてはいけない明確な問題点が見えてきたのですが……。

これらのトレハロースやLEAタンパク質を筆頭とする物質、つまり常温ガラス化による保管に必要な種々の化合物を、どのようにして細胞内まで輸送するのでしょうか？

特に、クライオニクスで重要である脳の神経細胞まで到達するには、「血液脳関門」を通過しなくてはいけないはずです。

そうか。脳内の神経細胞（ニューロン）は「血液脳関門」という機構によって、外部から侵入してくる有害物質や細菌・ウイルスなどから守られている……。

脳の活動や維持に必要な、水、ブドウ糖（グルコース）やアミノ酸など、特定の物質だけを選択して通過させて、それ以外のものは通過させない仕組みが「血液脳関門」にはあるはず。

ご指摘のとおりで、乾眠のメカニズムを人工系で再現するために必要な物質を、いかにして脳内の神経細胞、そしてその細胞の内部まで届けるかが重要な課題になります。

第一段階目で「血液脳関門」、第二段階目で「神経細胞の細胞膜」という障壁があるわけです。

脳の神経細胞の内部に到達するまでの障壁となるもの

第一段階目 ➡ 血液脳関門

第二段階目 ➡ 神経細胞の細胞膜

最初に、クライオニクスにおける血液脳関門という障壁の存在、それについてどう考えるべきか、基本的なところを説明しておきましょう。

意外に思うかもしれませんが……。
血液脳関門については、ここを突破しようと考えてはいけません。

血液脳関門を、突破してはいけない？？

どういうことですか？？？

それは……。
血液脳関門を透過できる溶液を調製することは、必然的に脳を壊す溶液を調製することと同じであるからです。

これまでのガラス化凍結法によるクライオニクスで使用されてきた凍害保護液は、血液脳関門を「透過できること」を念頭に置いて調製されていました。

しかし、このような凍害保護液の使用には、根本的に「解決できない問題」が含まれているのです。

次は、この「解決できない問題」について、血液脳関門の構造の解説も含めて詳しく説明しましょう。
血液脳関門というのは、密着結合でつながった「脳血管内皮細胞」で構成された障壁で、脳内の毛細血管に存在します。

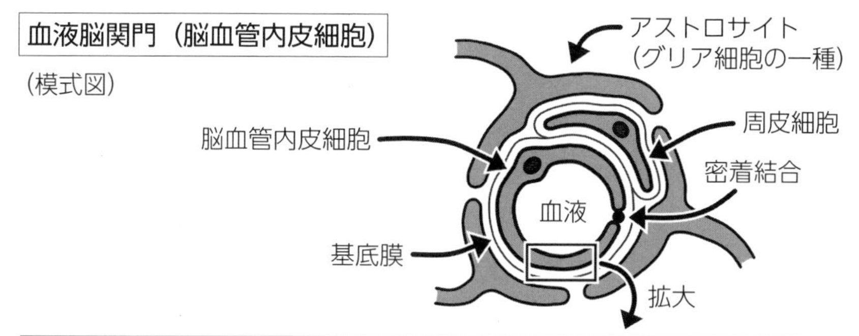

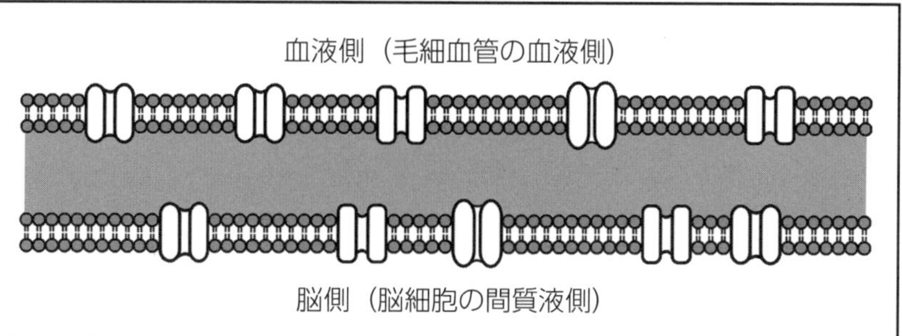

つまり、血液脳関門における障壁の本質というのは、この「脳血管内皮細胞」の血液側と脳側の二重の細胞膜です。

そして、血液脳関門を透過できる物質について簡単にまとめると以下のようになります。

血液脳関門を透過できる物質

1. 脳が必要とする物質
   - チャネルやトランスポーターにより選択的に透過

   （例）水、ブドウ糖（グルコース）、アミノ酸など

2. 分子量が約500以下で、脂質に対し親和性のある物質
   - 浸透・拡散により透過

   （例）エタノール、ジメチルスルホキシド(DMSO)、トルエン、ニコチン、向精神薬など

水やブドウ糖（グルコース）など、脳に必要な物質については、特異的に透過させるための「チャネル」注5.10や「トランスポーター」注5.11が存在しているので、血液脳関門を透過することができます。注5.12

注5.10：チャネルは、細胞膜にある膜貫通タンパク質で、各種イオンや水を選択的に透過させる機能がある。選択性はチャネルにより様々で、透過はエネルギー消費を伴わない受動輸送で行われる。水を透過させるチャネルは、アクアポリンという。

注5.11：トランスポーターは、チャネルと同様に細胞膜にある膜貫通タンパク質で、糖類やアミノ酸を選択的に透過させる。広義には、チャネルもトランスポーターに含まれる。

注5.12：酸素分子も脳に必要な物質であるが、これについてはチャネルやトランスポーターが存在せず、例外的に浸透・拡散により血液脳関門を通過する。

また、本来は脳にとって必要ない物質も透過することがあります。

脂質に親和性があり、かつ低分子量（分子量が約500以下）である物質、こういったものも浸透と拡散により通過することが可能なのです。

つまり、多くの有機溶媒は脂質に親和性があり、分子量の条件も満たすので、血液脳関門を透過することができますが……。

脂質に対する親和性、これは脂質を溶かす能力と同じです。

なるほど。そういった浸透・拡散により血液脳関門を透過できる物質は、量が多ければ必然的に細胞膜やシナプス膜を不安定化させるし、最悪の場合は壊してしまうわけですね。

そうです。血液脳関門を透過できる脂溶性の低分子量の物質は、同時に脳に悪い影響を与える物質でもあります。

ジメチルスルホキシドを主成分とするようなガラス化凍結法の凍害保護液は、血液脳関門を透過する上では有利だけど、その脂溶性により脳には悪影響を与える……。

これは要するに……。

浸透・拡散によって血液脳関門を十分に透過することが可能な凍害保護液であることと、脳に悪い影響を与えない凍害保護液であることは、同時には成り立たない。

つまり、この2つは背反する特性であると考えることができるのですね。

そうです。必然的に両立は難しいです。注5.13

しかし、そうであるにも関わらず、これまでのガラス化凍結法によるクライオニクスでは、血液脳関門の透過を優先し、脂質に親和性のある有機溶媒を凍害保護液に使用してきました。

注5.13：血液脳関門を浸透・拡散により透過が可能な凍害保護液は、脳に悪影響を与える。そこで、浸透・拡散による透過ではなく、血液脳関門を破壊することにより突破する方法、例えば界面活性剤のようなもので血液脳関門に穴をあけてしまう方法も考えられるが、当然であるが細胞膜やシナプス膜も破壊するので、これは現実的な方法ではないと予想される。

もちろん、このようなガラス化凍結法によるクライオニクスとは異なり……。

乾眠のメカニズムを人工系で再現し、「天然由来の化合物」を使用して常温ガラス化によるクライオニクスを目指す場合は、脳に有害な有機溶媒を積極的に利用するようなことはありません。

逆に、トレハロースやLEAタンパク質の場合は、「極性の高い物質」であって有機溶媒とは異なり血液脳関門を透過できないのですが、それはある意味で「細胞膜やシナプス膜を不安定化することがない安全な物質」であることを担保していると捉えることもできます。

しかし……。

それでは、どのような方法で脳の神経細胞にまでトレハロースやLEAタンパク質などの物質を到達させるのでしょうか？

それは……。

血液脳関門の透過は最初から諦めて、脳脊髄液系から投与することを検討すべきでしょう。

脳脊髄液系……。つまり、脳漿をトレハロースやLEAタンパク質などの物質を含む溶液と入れ替えるのですね。

そうです。乾眠のメカニズムを利用した常温ガラス化によりクライオニクスを行う場合……。

脳脊髄液系からの投与による脳の保護と、血管系からの投与による脳以外の身体の保護という、2か所に分けた投与が必要になるでしょう。

脳の保護は完全に別系統で考えて、血液脳関門を迂回して脳脊髄液系から別途に投与することを想定しているのですね。

なるほど。何らかの脳外科手術的な方法で脳脊髄液系からの投与を行えば、血液脳関門の問題は解決しますね。

そうすると、あとは「神経細胞の細胞膜」における透過の問題だけが残りますね。

そのとおりです。
第一段階目の障壁である「血液脳関門」は迂回することができますが、「神経細胞の細胞膜」については迂回するような方法はありません。

そして、トレハロースとLEAタンパク質、この最も重要な2つの化合物は両方とも細胞膜に対する透過性を持たないので、なんらかの対策が必要になります。

トレハロースに関しては「トレハローストランスポーター」というタンパク質があります。これは、乾眠状態へと移行するネムリユスリカの幼虫で発現しているタンパク質で……。

このトレハローストランスポーターが細胞膜に貫通するように配置されることにより、トレハロースは細胞の内部にも入り込むことが可能になります。

トレハロースの細胞内への輸送 （模式図）

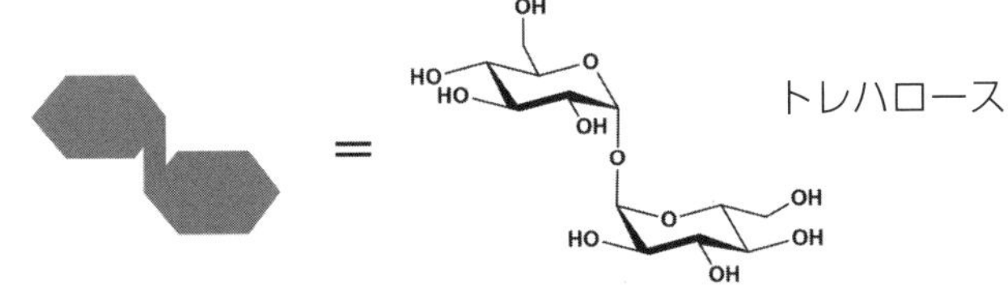

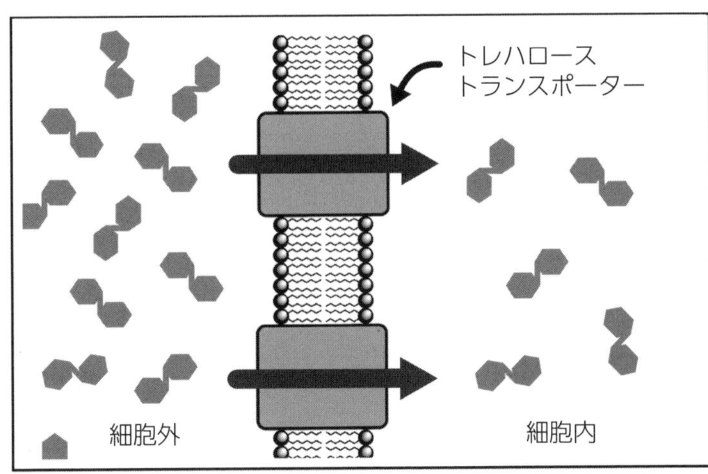

つまり、天然に存在するトレハローストランスポーターを、人工系における乾眠でも上手く利用すれば、トレハロースの細胞膜の透過の問題は解決するだろうと……。

そうです。トレハローストランスポーターが機能する形で細胞膜に配置できれば、問題は解決するでしょう。

そうなると、問題はLEAタンパク質の細胞膜の透過ですね。

LEAタンパク質については、天然のトランスポーターが存在しないので人工系で何らかのトランスポーターを開発するか……。

人工系？？LEAタンパク質の細胞膜間輸送を行う人工的な分子を設計するのですか？？

それは、ずいぶんと難易度の高い課題に思えますが、どうなのでしょう？

確かに、そのとおりです。LEAタンパク質に特化した人工系のトランスポーターの設計は、難易度が高いし時間がかかると予想されます。

他の輸送方法の案としては、LEAタンパク質に特化したものではないのですが、医薬品の分野における既存のDDS（ドラッグデリバリーシステム）を応用する方法や、エンドサイトーシスという現象の応用を検討してもよいでしょう。

それらの方法でも細胞内への輸送の問題が解決しなければ、LEAタンパク質の遺伝子をヒトに導入し細胞内部で発現させる方法もありますが、これはヒトのゲノムを人為的に改変するという倫理的な問題もあるので、技術的な問題とは違った難易度の高さがあります。注5.14

注5.14：近年、ゲノム編集の分野において「CRISPR/Cas9システム」の実用化という画期的な技術革新があり、これによりゲノムの改変が正確かつ簡便に行えるようになってきている。クライオニクスの解決手段として「過酷な環境で生きる生物の模倣」を設定する場合、「CRISPR/Cas9システム」のような技術革新は大いにプラスに作用すると予想されるが、当然のことではあるがゲノム編集に関しては倫理的な問題に由来する指針が存在する。ゲノム編集により得られるはずの実益とのバランスを考えて、今後に実社会がどのような均衡点を見出すのかは、注目すべき点である。もちろん、これはクライオニクスに関してのみの問題ではなく、難病治療へのゲノム編集の応用において既に顕在化している問題である。

そうすると、乾眠のメカニズムを利用したクライオニクス……。

これを実用化する上で一番難しい課題と考えられるのが、LEAタンパク質を細胞内に取り込む方法であると……。

そうです。逆にいうと、クライオニクス実用化のために解決しなくてはいけない課題が明確に見えていると考えることもできます。

つまり、細胞の外側の常温ガラス化は比較的に容易であると予想されますが、細胞内はLEAタンパク質の取り込みの難しさの問題があり、ここの解決が困難と予想されます。

- 乾眠のメカニズムを利用したクライオニクスの課題

  ➡「常温ガラス化」に必要な化合物の細胞内への取り込み。
  （特に、LEAタンパク質については難易度が高い。）

この問題の解決に手間取るようであれば、細胞内については代替案が必要になってきます。

!!

そうか！ここで目標達成のための２つ目の解決手段である「緩慢凍結法の改良」が活きてくるのですね！

そうです!!なかなか鋭い考察力ですね!!
細胞内の常温ガラス化が難航した場合に重要性を増してくるのが、「緩慢凍結法の改良」です。

なるほど。細胞の外側は乾眠の模倣による常温ガラス化で解決し、細胞内については緩慢凍結法の原理も同時に利用し、ガラス化すると……。

その二つの方法の良い効果だけを得ることが可能なのですか？

あくまでも予想の段階ではありますが、方法論としては間違っていないと考えています。この理由については、緩慢凍結法のメカニズムが関連してくるので、これを説明する必要があります。ですので、少し詳しく緩慢凍結法について説明しましょう。

緩慢凍結法による凍結保存、これは基本的に細胞の外側ではなく細胞内を氷晶の生成から守ることに重点をおいた方法です。

緩慢凍結法は、凍結保存する対象を比較的に低濃度の凍害保護液に浸漬させ、その後に徐々に温度を低下させます。このときの温度の低下速度は、前述したように遅い速度であることが重要で、１分間に約１℃といったペースです。

この緩慢凍結法の冷却過程では、まず細胞外で氷晶が生成します。この細胞外で発生した氷晶の主成分は水分子であるため、細胞外では凍害保護液に含まれる成分の濃縮が起きます。

氷晶の生成による凍害保護液の濃縮 （模式図）

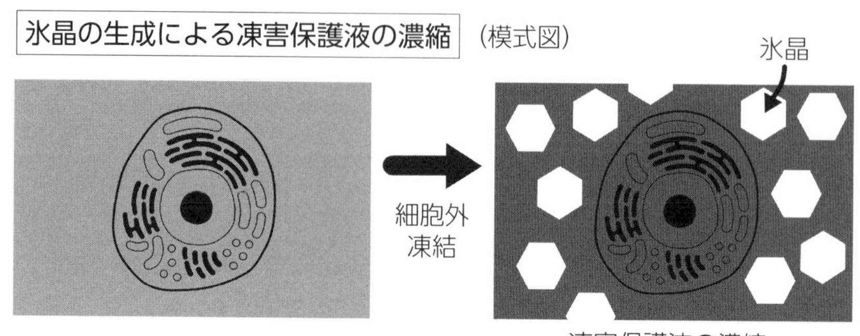

（氷晶部分に水分を奪われるから、氷晶以外の部分で濃度が増すのか……。）

この濃縮と同時に、凍害保護液に含まれる細胞膜透過性のある物質が細胞内に浸透していき細胞内の水分子と置換されていき、やがてガラス化が可能な濃度にまで達します。[注5.15]

そうか、緩慢凍結法と乾眠のメカニズムの両方を利用するというのは……。

緩慢凍結法における細胞外での濃縮過程、これを乾眠のメカニズムにおける水分低下による濃縮過程と置き換えるのですね。

そうです。細胞外で氷晶を生成させて濃縮するのではなく、乾眠のメカニズムの過程で濃縮するのです。

濃縮という同じ過程が存在することを上手く利用し、細胞外は乾眠のメカニズム、細胞内は緩慢凍結法と乾眠のメカニズムの併用と……。

このようにして、細胞外・細胞内の両方で氷晶の生成を防ぐことが可能になると予想しています。

注5.15：細胞外で凍害保護液に含まれる成分の濃度上昇が起きるため、浸透が促進される。

ところで、緩慢凍結法の凍害保護液に含まれている細胞膜透過性がある物質とは、具体的にはどのような物質なのですか？

具体的には、このようなものがあります。

緩慢凍結法で使用され、かつ細胞膜透過性を有する物質

ジメチルスルホキシド（Dimethylsulfoxide）(DMSO)
エチレングリコール（Ethylene glycol）
1､2-プロパンジオール（1､2-Propanediol）
1､3-プロパンジオール（1､3-Propanediol）
グリセリン（Glycerol）　など

（あれ？ジメチルスルホキシドにエチレングリコール……。やっぱり比較的に毒性の高い有機溶媒が多いな。グリセリンは、かなり安全な部類に入る化合物だけど……。）

（これは……。ガラス化凍結法で使われる有機溶媒と種類は殆ど同じ。ただ使用する濃度が、ガラス化凍結法と比べれば低濃度という利点があるだけなのか……。）

これらの物質は、どれも水分子よりは極性が低いし……。やはり、濃縮の過程で濃度が高くなると、細胞膜やシナプス膜の安定性に悪影響がでるのではないですか？？？

そうです。緩慢凍結法では使用する濃度が低いとはいえ、最終的にはガラス化するまでに濃縮の過程がありますし、細胞膜やシナプス膜に対する悪影響……。そういった危険性は十分にあります。

ですので……。

解決手段として主力となるのは、あくまで乾眠のメカニズムであり、その効果です。

乾眠のメカニズムを最大限に活用しつつ、緩慢凍結法を利用した効果は補助的なものとし、ジメチルスルホキシドなどの使用量は最小限に抑える必要があります。

あと、ここで一つ思い出してもらいたいのですが……。

トレハロースには細胞膜の安定性を高める効果、つまり脂質二重層の安定性を高める効果があると考えられています。
その効果を上手く利用すれば、有機溶媒が脂質二重層を不安定化する悪影響を弱めることが可能になるかもしれません。

そうか、トレハロースの使用によって許容される有機溶媒の使用濃度が増える可能性もあるのですね。

そうです。そういった問題解決の方法もあるのではという、可能性の話ではありますが……。

まずは、乾眠における常温ガラス化の応用、こちらの効果の寄与の割合をなるだけ多くして……。

毒性のあるジメチルスルホキシドなどの使用量を極力抑えつつ、しかもそれらの毒性もトレハロースの効果で抑えるという考え方です。

もちろん、これはトレハロースの効果に期待して、有機溶媒の使用量について楽観的に考えようということではありません。

……。
人工的な乾眠のために使用する混合溶媒系に、どこまで有機溶媒の使用が許容されるのか……。

おそらく、この判断は難しいはずです。

有機溶媒の使用基準を楽観的に設定して、脳に不可逆な変性を残すことは、何としても避けなくてはいけない。

ここで間違いがあっては、取り返しのつかないことになる！

そのとおりです。

しかも、脳における記憶形成のメカニズム、この全てが明らかになっているわけではないので……。

未来でも修復不可能な損傷を残さないようにと慎重を期すならば、できる限り自然な溶媒系のものを使用する。これが最善でしょう。

水以外の溶媒の使用を、どこまで減らせるか。
これが重要なポイントであり、解決課題なのです。

つまり、必然的に結論としては……。

あの……。

これまでの説明で、終始一貫して議論の中心になっているのは、
「いかに有機溶媒を減らすか」もしくは「いかに有機溶媒を使用しないか」であるようですが、
これが優先して取り組むべき「最重要な解決課題」という認識でよろしいでしょうか？

そうです。
その認識で
正解です。
そこが実用的な
クライオニクスを確立する
上で、戦略的に最重要な
ポイントなのです!

そして実際に、
脱DNAプロジェクト
では
有機溶媒の使用量を極力
軽減させた「水溶液系での
実用的クライオニクスの
確立」を戦略目標として
掲げています。

第6章
232ページへ
続く。

第４章・第５章の概要（まとめ）

ここでは、本作品の中で比較的に難解な、第４章と第５章の内容を簡潔にまとめてあります。

第４章の概要（まとめ）

脳は、「脂質で構成された部品」が数多く使われた「超精密機械」に例えることができます。

そして、その脂質で構成された部品の中でも、特に「シナプス」の表面にある「脂質二重層」、つまり「シナプス膜」が記憶の形成において重要な場所であると考えられます。

この「シナプス膜」が重要である理由は……。

記憶は、「シナプス膜」という「脂質二重層」に、分子レベルの変化によって、その多くが書き込まれていると言えるからです。

しかし、有機溶媒は、脂質からなる構造を不安定化させて、ダメージを与えます。
ですので……。

クライオニクスにおいて、有機溶媒を使用しない条件で脳を保管することが可能になれば、それが最善の方法と考えられます。

第5章の概要（まとめ）

有機溶媒を使用しない、もしくは有機溶媒の使用量を極力軽減させて、クライオニクスを実用的なものにするには……。

主に、次の2つが、「解決手段」になると考えられます。

1つ目は、「過酷な環境で生きる生物の模倣（乾眠のメカニズムの応用）」であり……。
2つ目は、「緩慢凍結法の改良（有機溶媒の大幅な削減）」です。

これらの「解決手段」では……。

生物が乾眠時に使用する「トレハロース」や「LEAタンパク質」などの「天然由来の化合物」の利用が、重要であると予想されます。

そして、「脱DNAプロジェクト」では……。
まさに今、有機溶媒の使用量を極力軽減させた「水溶液系での実用的クライオニクスの確立」を、社会に広く提示する必要があると考えています。

第 6 章

実用的クライオニクスへの挑戦

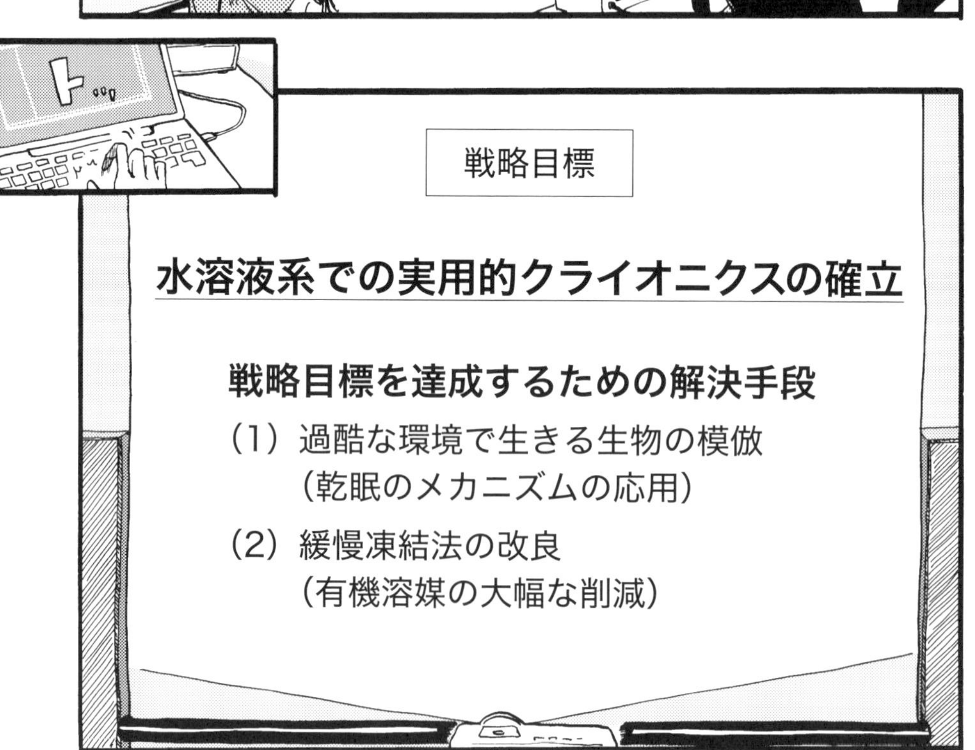

注6.1：ここでの「水溶液系」は「有機溶媒の含有量を極力軽減した溶液系」という意味である。つまり戦略目標を正確に表現すると、「有機溶媒の含有量を極力軽減した溶液系を用いて、実用的クライオニクスの確立を目指す」になる。ここで注意が必要なのは、乾眠（乾燥無代謝休眠）のメカニズムにおいて「ガラス化傾向と水分含有量は逆相関」するので、「水溶液系」の溶液を使用するが、最終的に「水分」は脱水の過程で除かれる点である。

その理由は、
主に2つあります。

まさに今、戦略目標を提示する理由

理由(1)　有機溶媒を使用する方法が主流では、専門家の協力が得られない。

理由(2)　問題解決のアプローチが固定化されるのを避ける必要がある。

まず「1つ目」の理由は……。

クライオニクスにおける保管方法の主流が、多量に有機溶媒を使う方法であるようでは、

各関連分野の研究レベルの専門家の協力が得られないからです。

それは、高濃度の有機溶媒はタンパク質を不可逆に変性させるし、細胞膜も不安定化する。

そして、特に脂質を多く含む脳では悪影響が出るのも明白であるので……。

多量に有機溶媒を使用しているようでは、実用的クライオニクスの確立は難しい。

そういったことを、専門的な知識を有する人ほど強く理解し認識しているからですね?

そうです。
だから「水溶液系」での問題解決を目標に掲げて、

ようやく専門家の協力の輪ができる。
そう考えています。

パッ

水溶液系でのクライオニクスの確立

水溶液系での実用的クライオニクスの確立という目標を設定すれば、そういった事態は避けられるでしょう。

特に、脳神経分野の専門家から肯定的な意見を得るためには、

水溶液系での技術的な確立を目指すことを強調する必要があります。

それは、記憶の形成で重要であるシナプス膜、

この構造の有機溶媒に対する不安定さの問題があるからですね。

次に、「水溶液系での実用的クライオニクスの確立」という戦略目標を今提示する「2つ目」の理由ですが……。
理由(2)　問題解決のアプローチが固定化されるのを避ける必要がある。
では、なぜアプローチが固定化されるのを避なくてはいけないのか……。
なるべく早く、新しい解決手段の存在を社会に対し明らかにして、
クライオニクスにおける問題解決のアプローチが、有機溶媒を多量に使用する方法に固定化されるのを避ける。
この必要性があるからです。

これについて説明するには、
クライオニクスにおける
「特有の問題」を認識して
もらわなければいけません。
クライオニクスにおける
特有の問題??
その特有の
問題とは……。

つまり、
既存の保管方法は
客観性をもって
評価するのが
非常に困難なのです。

既に使用されている
保管方法については、
蘇生の可能性を
科学的な視点で厳密に
議論するのが難しい
という問題です。

注6.2：人工知能の再帰的な自己改良によって、2045年ごろの近未来に「科学技術の爆発的進歩」が起きる特異な時点、つまり「シンギュラリティ（技術的特異点）」に到達すると予測する仮説があり、これは「シンギュラリティ仮説」と呼ばれている。旧来のクライオニクスは、この「シンギュラリティ仮説」を、非科学的なレベルまで拡大解釈することにより成立していると考えられる。そういったクライオニクスの可能性を信じるか信じないかは個人の自由であり、有効性の有無に関係なく、社会的な規制の対象になるような事柄ではないと捉えることもできる。

ですので、保管方法の完成度に
関係なく、既存の保管方法を否定する
ことは心情的に難しいですし、
蘇生の可能性の全てを否定する
ことは意図的に避ける必要が
あるのかも知れません。

既存の方法で保管を望む
人々の心情を考えるのは
大切だが……。
しかし、違うものは違うと
指摘できなければ
自然科学として正常かつ
順調な発展は望めない。
考え方として甘い
のではないか……。
それは自然科学の
理論ではないな。

しかし、既存の方法を
明確に批判できない
のであれば、
有効性の有無に関係なく
問題解決のアプローチが
一本化され固定化されて
しまう……。
その理屈は
分かります。

そうです。
有効性の有無に
関係なくアプローチは
固定化される。
それは非常に
危険なことです。
ですから、
それを避ける
ためには……。

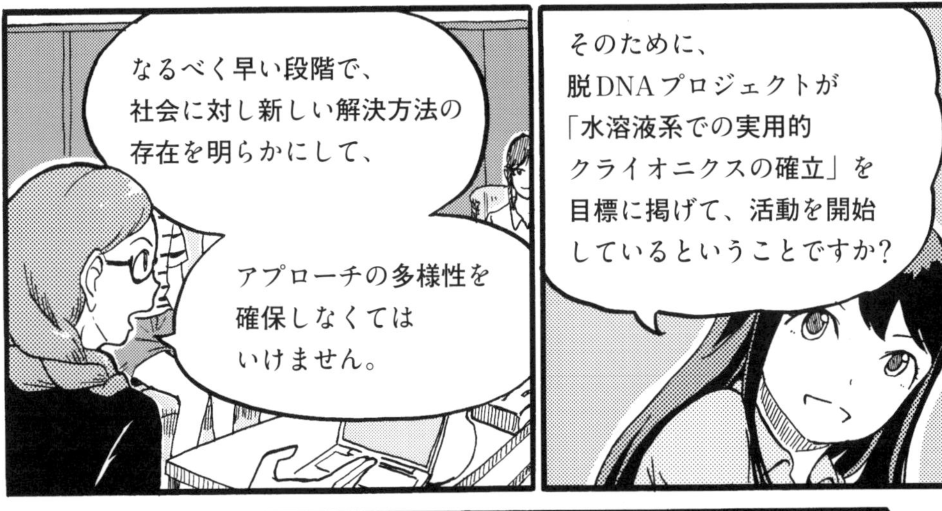
なるべく早い段階で、
社会に対し新しい解決方法の
存在を明らかにして、
アプローチの多様性を
確保しなくては
いけません。
そのために、
脱DNAプロジェクトが
「水溶液系での実用的
クライオニクスの確立」を
目標に掲げて、活動を開始
しているということですか?

そうです。まさに今、
新しい解決方法を提示して、
実用化のための準備を
開始しなければ、
日本国内でもクライオニクスにおける
アプローチが、有機溶媒を使用する
ガラス化凍結法に固定化され、
今後の問題解決に支障をきたす
事態になる。
そう考えています。

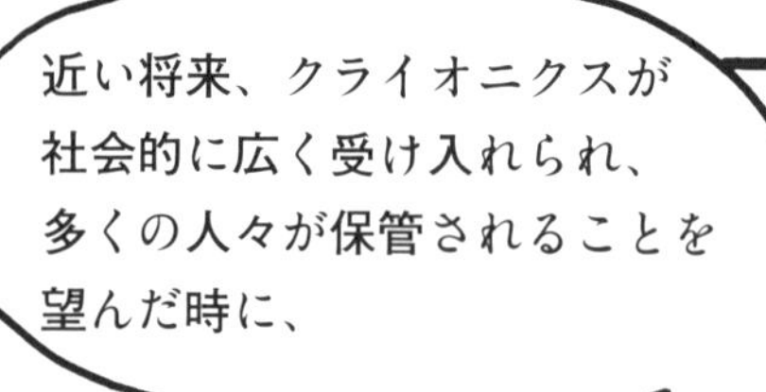
近い将来、クライオニクスが社会的に広く受け入れられ、多くの人々が保管されることを望んだ時に、

実用化された保管方法が「少なくとも一つ」は確立されている必要があります。

しかし、アプローチがガラス化凍結法に固定化されてしまっては……。
有効な保管方法が一つも実用化できずに、ただ時間だけが過ぎていくという、
非常に良くない事態も考えられます。

最悪の事態を想定して対処するのは危機管理の基本。
そのためには、もう行動を開始しなければいけない時期ということか……。

クライオニクスについては、多様なアプローチで研究されるべきであり、
その一つとして我々が提示した目標が「水溶液系での実用的クライオニクスの確立」であるのです。

難しいのは覚悟の上で、ガラス化凍結法での有機溶媒の使用量の軽減を目指すのも、一つの方法としてありだと思います。
多様性の確保が重要であるので、
もちろん既存のガラス化凍結法からの発展では無理と決めつけずに……。

注6.3：本作品では、クライオニクスにおける問題の新しい解決手段として「過酷な環境で生きる生物の模倣（乾眠のメカニズムの応用）」と、「緩慢凍結法の改良」の2つを具体例として提示している。この2つは特に有望な解決手段であると考えられるが、この他にもクライオニクスでの応用の可能性がある技術は幾つか存在する。例えば、「過酷な環境で生きる生物の模倣」の1つである「耐凍性の生物のメカニズムの応用」も有望であると考えられる。その他にも、食品の凍結保存の分野で近年注目を集めている「過冷却現象を利用した急速冷凍法」などがある。

それは、ガラス化凍結法による人体の保管が、まだ日本国内では開始されていないからですね。
だから、既存の方法に固執する理由はないし、
あえて高濃度の有機溶媒の使用という選択をして毒性の問題が解決できなくなり、先の見えない迷走を続ける必要性もないと……。
そうです。そのとおりです。

確かに、有機溶媒の毒性の問題が解決可能と楽観的な想定をして、ガラス化凍結法をクライオニクス実用化の主軸に設定する必然性はない。
クライオニクスに不向きなガラス化凍結法と共に、10年20年と迷走を続けるのは避けたいところだな……。

日本国内では、これから
クライオニクスの実用化の
ための解決手段の軸足を
決めるので……。
記憶の形成の要が
シナプスであるという
考えに基づいて、
解決手段を選ぶことが
できる。
つまり、シナプスに致命的な
損傷が発生するような方法を
避けて、クライオニクスの
実用化のアプローチを
決めることが可能で、
その戦略的な優位性は
大きいということですね。

そのとおりです。

脳の記憶の
メカニズムに基づいて、
アプローチを選択する。
それが
大切なのです。

これまでの説明で、戦略目標として「水溶液系での実用的クライオニクスの確立」を掲げる理由と、
その重要性は十分に認識してもらえたと思います。

ところで、話は変わりまして……。

ここで3名の学生の皆さんに、
私から1つ問題を出してみようと思います。

前世紀の20世紀における科学的発明の中で、
20th century
最も人類に貢献し人々の生命観まで変えた科学技術は何であると思いますか?
それぞれ1つずつ、これだと思う発明を挙げてみて下さい。
ウーーン

しかし、ノイマン型コンピュータの発明が生命観を変えたとまでは言えないと思います。

うーん。確かに生命観までは変えてはいないですね。

ハーバー・ボッシュ法による
水素と窒素からのアンモニアの
大量合成、これは世界の農業
生産力を大きく変えました。

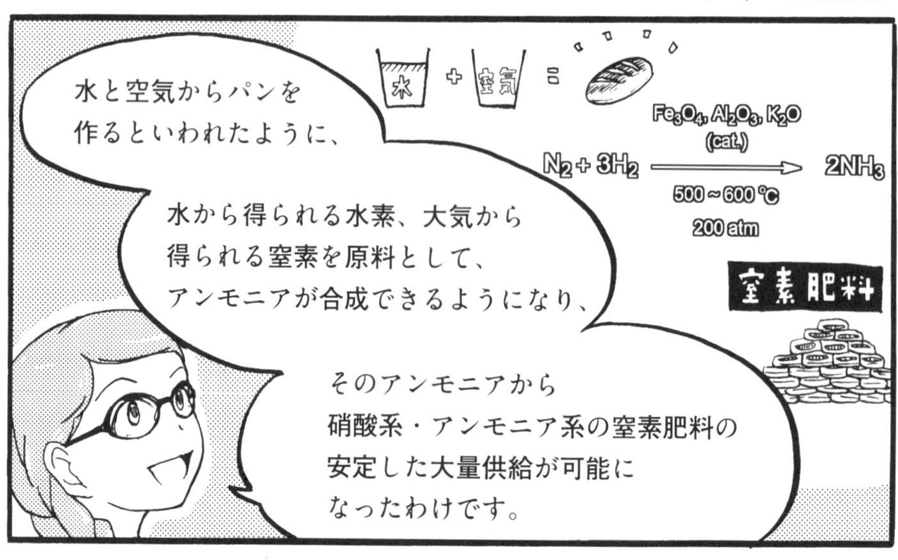

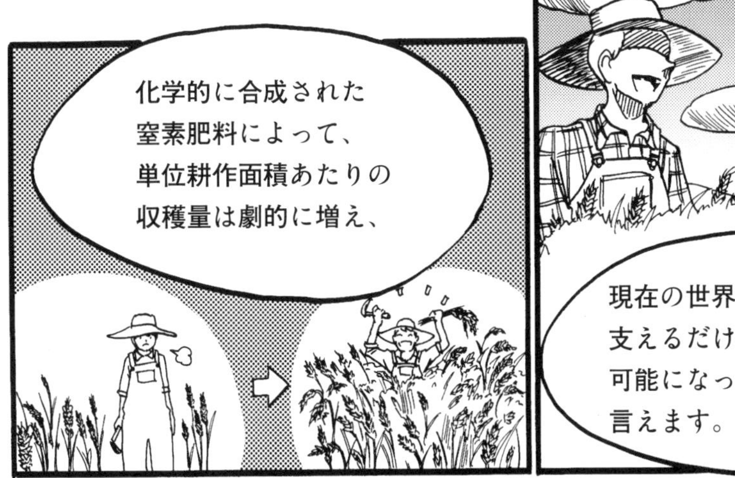

注6.4：救荒作物とは、イネや麦などの作物が凶作であるときに代用として食される作物。荒地でも育成可能で、成長が早く、ある程度の収穫量が得られる作物が多い。救荒食物は地域や時代により異なるが、ヒエ・ソバ・ジャガイモ・サツマイモなど。

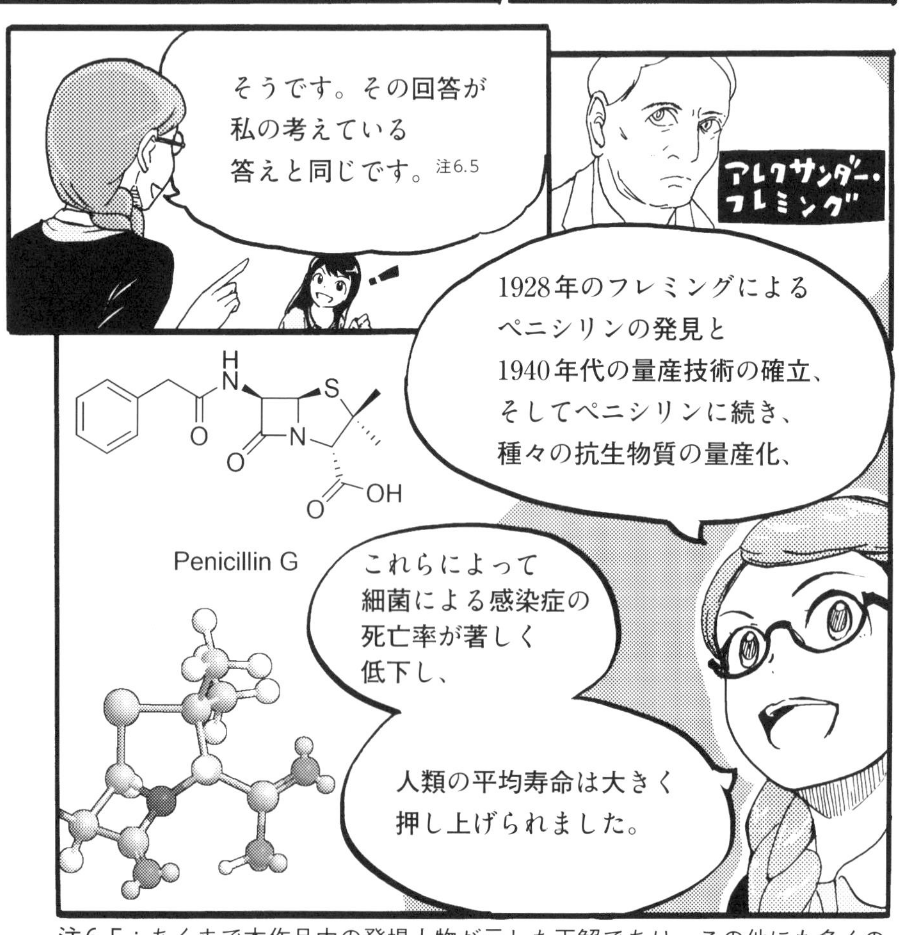

注6.5：あくまで本作品中の登場人物が示した正解であり、この他にも多くの正解があると考えられる。例えば、「遺伝子組み換え技術」なども、人類の発展に大きく貢献している。

もちろん、平均寿命の向上はペニシリンを筆頭とした抗生物質の使用によるものだけではなく、
医学全体の高度な発展によるものですが、
それでもやはり抗生物質の貢献度は大きいと言ってよいでしょう。
抗生物質により人類が、細菌による感染症の脅威から解放され、
天寿を全うできる可能性が高くなり、人類の生命観を大きく変えたと言えると思います。

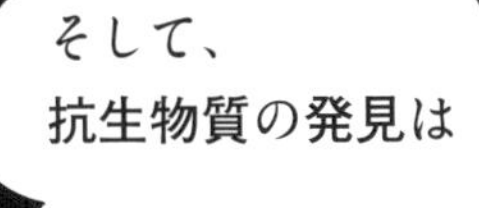
そして、抗生物質の発見は
「多産多死」という制約から人類を解放しました。
多産多死
（ 人口転換 ）
少産少死

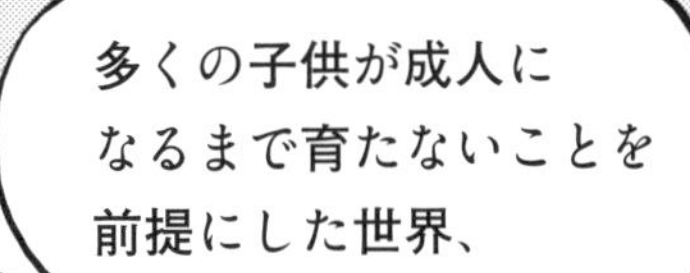
多くの子供が成人になるまで育たないことを前提にした世界、
そういった理不尽な世界から人類が解放されたわけですね。

そうか、多産多死を
受け入れる世界というのも
DNAに支配された
世界であって、
抗生物質はそういった
悲しい世界から人類を
救ったことになるのか。

そうです。
多くの人々が天寿を
全うできる社会の構築は、
DNAを中心とした
世界からの人類の解放、
そこへと進む第一歩と
言えるでしょう。
そういった意味でも、
抗生物質の発見と量産化は
前世紀における
科学的発明の中で
最も人類に貢献し、
人々の生命観まで
変えた科学技術で
あるわけです。

それでは……。

21世紀、つまり今世紀において、人類の生命観を最も大きく変える科学技術、
これは何になるでしょうか?

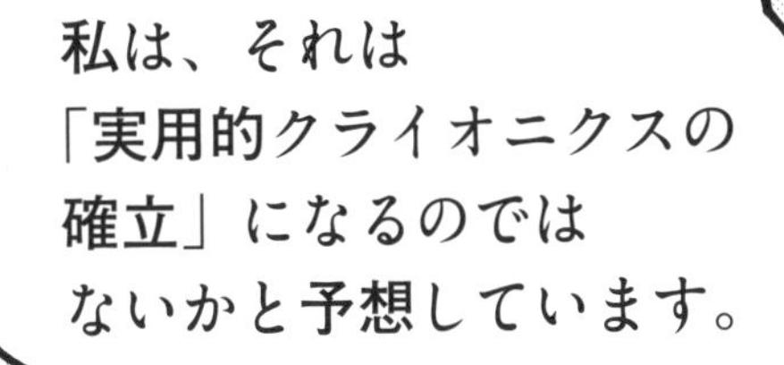
私は、それは「実用的クライオニクスの確立」になるのではないかと予想しています。

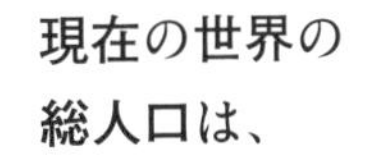
現在の世界の総人口は、
約76億人といわれています。

現生人類が地球上に誕生したのが約16万年前、
そして現在までにこの世に生まれ出た人類の累計は約500億人と考えられています。

そうか、人口爆発は人類の
長い歴史を俯瞰すれば、
つい最近の出来事。

世界人口の推移

100
75
(億人)
50
25
(1)(2)(3)
500 1000 1500 2000 (年) (A.D.)

(1) 産業革命
(1760年代～)
(2) 窒素肥料の大量生産
(1910年代～)
(3) 抗生物質の量産化
(1940年代～)

食料が安定して供給されるようになったのも、
抗生物質で感染症による死亡率が激減したのも
前世紀の20世紀中の出来事であるから、
人口が激増したのも20世紀以降……。

だから、人類史という長い
タイムスケールでの累計でも、
生きている人間は約15%も
いることになるのね。

歴史的に考えれば、
死亡した人間の総数の
方が圧倒的に多いのかと
思っていたけど、

約76億
こんなにも
多くの人々が今を
生きている……。
そうです。

そして、我々が
第一に考えなくては
いけないのは、
約76億
この今を生きる
約76億人の生命です。

現在に至るまでの
医学の発展は、
私たちが天寿を全うできる
確率を着実に押し上げて、
人々の生き方を豊かにして
きましたが……。

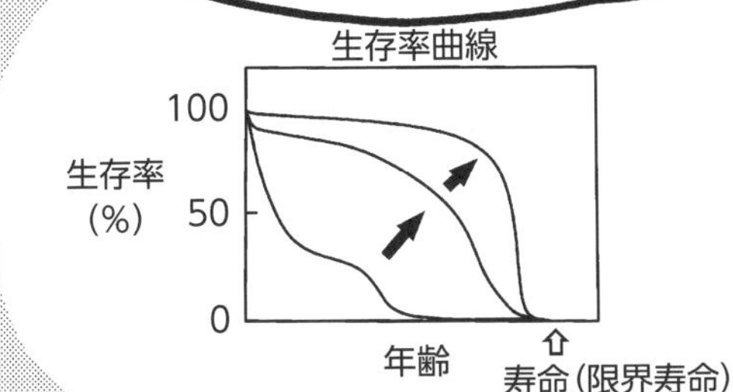
生存率曲線
100
50
0
生存率
(%)
年齢
寿命(限界寿命)

それでも、寿命による
死は、依然として
私たちの前に立ち
塞がっています。
寿命

注6.6：現行のガラス化凍結法によるクライオニクスは、蘇生の可能性についての科学的な説得力が不足しており、利用する人も少数であるので費用も高額なままである。結果として、世界的な観点で考えれば「極々少数」である数百人・数千人といった限られた人々に微かな希望を与えるに留まっている。この望ましくない停滞から脱出するために、実用的なクライオニクスの早期確立を目指し、より多くの人々が実体のある確かな希望を得られるように舵を取るべきではないだろうか。本作品は、その方向性について提案している。

社会の殆ど全ての
事柄に共通している
ことですが、
一般に普及していく
過程は、高価なものが
廉価になっていく過程
でもありますね。
抗生物質が大量生産
されていく過程で
廉価になり、
先進国のみでなく
発展途上国においても
人々がその恩恵を受け
られるようになったのと
同じように……。

クライオニクスも
また、保管技術が
確立されれば、
少しずつ世界中の
人々が使える技術に
なっていくのでは
ないでしょうか。
そうか、高価
すぎるもので
あっては
多くの人が
使えないという
問題点も
あるのか……。

世界中の人々が
安心して使える
「実用的な医療技術」として
クライオニクスが
確立される瞬間、
その時が人類にとって
記念すべき最大の
転換点になります。
それは、地球上における
約40億年ものDNAによる
支配から、人類が生物
として初めて解放される
瞬間でもあり……。

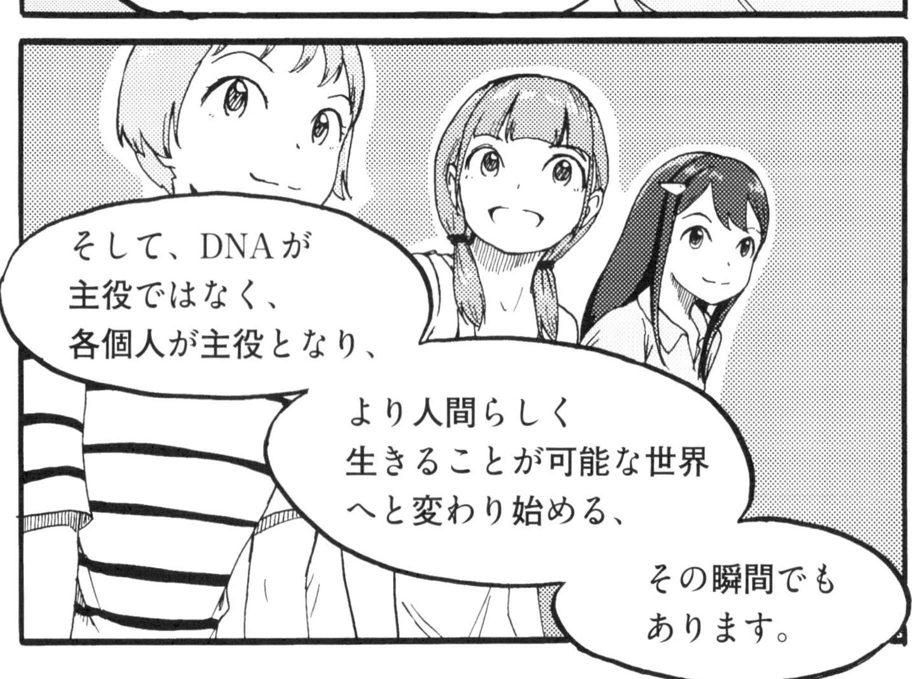
そして、DNAが
主役ではなく、
各個人が主役となり、
より人間らしく
生きることが可能な世界
へと変わり始める、
その瞬間でも
あります。

注6.7：単細胞生物は細胞分裂で増殖するので、基本的に寿命の概念は存在しない。また多細胞生物であっても、植物には動物のような明確に定められた寿命が観測されない場合が多い（例えば、多くの草木が挿木で増やすことが可能であり、また一年草であっても条件がそろえば枯れずに成長を続けるなど）。多細胞の動物が誕生した時期については、おおよその数値として約10億年前と記載した。

注6.8：進化の過程で寿命が生じた意義に関しては、一つの参考例として見解を示した。この意義については、諸説あり確定していない。

DNAから脳へ。
生命の本質が変わり、
より良い世界へと
変わっていく……。
PEACE

パシッ
そうです。
その理想的な
人類の発展、
素晴らしい未来の
構築を可能に
する計画……。

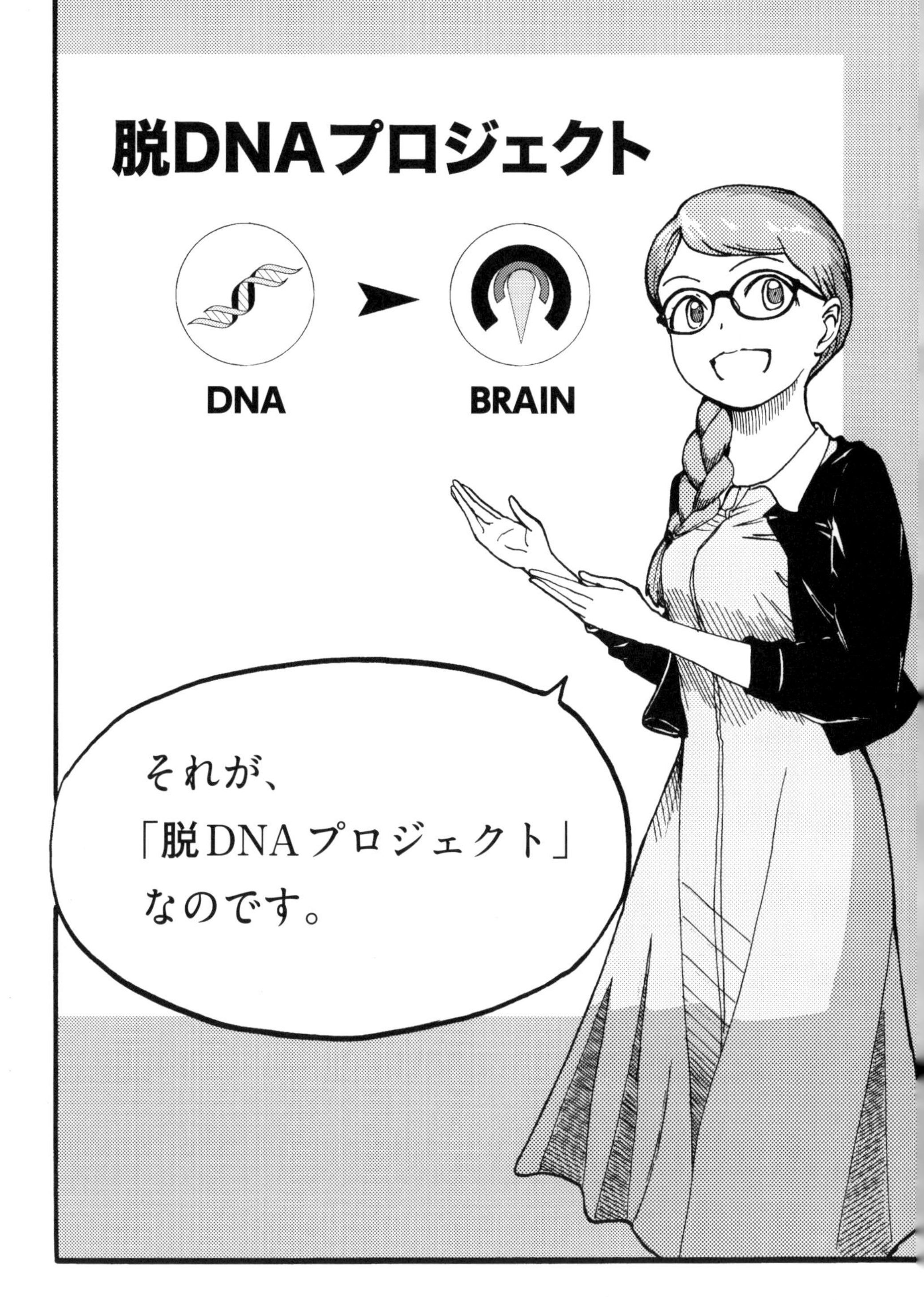
脱DNAプロジェクト
DNA
BRAIN
それが、
「脱DNAプロジェクト」
なのです。

脱DNAプロジェクト
委員会では、私たちと
同じ考えを共有し賛同して
くださる有識者・研究者の
方々に、
共同研究への参画、
またはプロジェクトへの
参加を呼び掛けています。

今まさに……。
脱DNAプロジェクト
人類は新しい可能性に向かい、
寿命の概念を変える科学領域へと
踏みだそうとしています。

ぜひ私たちと一緒に、
生命の本質が変わる歴史的
瞬間に立ち会ってみようでは
ありませんか!!
パチ
パチ
パチ
パチ

原作者　あとがき

「マンガには、世の中の価値観さえ変えていける潜在的な可能性がある」と考え、本作品の制作構想を脱DNAプロジェクト内で提案したのが、2017年5月のことです。

本作品の制作構想は、提案してすぐに脱DNAプロジェクトの主催者である清永教授に承諾して頂きまして、2017年5月からマンガのストーリーの検討が始まりました。しかし、マンガのストーリーの作成は、私にとって全くの専門外の領域であり、早期に本作品を公表したいという強い焦りに反して、予想以上に時間がかかる作業になりました。特に、主張したい内容を全て盛り込み、かつマンガとしての話の流れを成立させるのが難しく、おおまかなプロット（マンガの筋書）の作成で約半年かかり、その後に科学的な解説内容の精査や、どこまで主張するかなどの調整に更に約半年といった感じで、プロットの完成までに約1年を要しました。プロットの作成に予想以上の期間を要したために、マンガの制作（ネーム作成や作画・編集など）は、約270ページの作品を「できる限り早期に、可能であれば約半年で仕上げる」という時間的に余裕のないスケジュールになりましたが、マンガ書籍の制作会社の方々には仕事を快く引き受けて頂き、実際に2019年1月という早い時期に作品を完成させてもらいました。また、マンガ家の高原先生には、短い制作期間でありながら、緻密で繊細なイラストを仕上げて頂いています。本作品の制作に甚大な協力を頂きました、高原先生と制作会社の方々には非常に感謝しております。また、作品の全面的な監修、特に科学的な解説内容について間違いがないかを綿密に調査して頂きました清永教授には、制作構想の当初から膨大な時間と労力を提供して頂いています。大学での研究活動の過密なスケジュールの合間に、本作品の制作に協力して頂いたことに深く感謝いたします。

さて次に、マンガのストーリーについてですが、本作品は主人公の「杉田マナカ」が、『ゲド戦記』の第3巻目である『さいはての島へ』で語られている「生命観」について、疑問を感じるところから始まっています。本作品の終盤では、この『さいはての島へ』の「生命観」と完全に「対」になる形の考え方を、疑問に対する答えの一例として提示していまして、そういった作品の構成に着目して頂けると、より面白く読んで頂けるのではないかと思います。

本作品を通じて訴えたい主題、それを書籍化する意義や、なぜ今であるのかにつきましては、既に作品中の登場人物たちが、その全てを語ってくれていますので、この点の説明は省略したいと思います。

次に、作中の科学的な解説内容についてですが、一冊の本に主張したい全ての内容を盛り込んだため、ページ数的な問題から解説を簡略化しすぎていて、情報量として十分ではないと思われる部分が幾つかあります。その例として「脳の可塑性」に関する解説がありまして、「シナプス後膜でのAMPA型グルタミン酸受容体の増加」を記載するのみとなっています。また、「脳の進化」につきましても、わずか2コマという不十分な解説になっています。このように解説を簡略化させ過ぎた内容につきましては、今後に続編を出版していく過程で改めて解説をする機会があれば、より内容を充実させて再度解説をしたいと考えています。

「実用的クライオニクスの確立」のための具体的な「解決手段」につきましては、これも続編で更に詳細な解説が必要であるとは思いますが、今回の一冊のマンガ作品の限定的な紙面の中では、可能な限りの解説を盛り込めたのではないかと思います。また、「人類は寿命（限界寿命）と、どのように向き合い、これを克服していくべきか」という問題についても、本作品は社会に対して「一つの道順」を示せたと思います。

本作品の公表後に、「他にも良い解決手段があるのではないか」といったご意見や、「この部分は理論的な矛盾がある」といった問題点のご指摘などが、読者の皆様から提議されることによって、クライオニクスについての科学的議論が活性化することは望むところです。また今後に、クライオニクスが科学的・学術的な研究対象として社会に認識されていく過程において、その契機として本作品が貢献できれば幸いであると考えています。

それでは、また2巻目の巻末でお会いしましょう。

2019年1月

橋井明広

監修者　あとがき

現代は科学技術の進歩が非常に速くなり、また数多くの発見や発明に支えられ、私たちの社会は物質的に豊かになってきています。しかしその一方で、人々はどの時代よりも、様々なストレスや不安を抱えながら生きているとも思います。「脱DNAプロジェクト」とは、私たちがいま漠然と感じている不安の根源を合理的に突き止めていこうとする野心的な試みです。特に、私たちに運命づけられている死の問題をどのように捉えればよいのか、また、現代の科学技術は、死というものに対して何が出来るのかを見極めていこうとするものです。

そもそも、私たちのユニークな個性の源は、各々の脳の中で培われた人間精神あるいは魂に由来するものであり、実質的には複雑な神経ネットワーク構造からなる産物です。ところが、脳そのものは個体の死と共に消滅してしまうことで、私たちの存在は途端に危ういものとなり、個体は種の保存目的のために使い捨てられる道具に過ぎない、と解釈することも出来ます。本プロジェクトは、こうした哲学的にも難しいテーマと向き合いながら、いわばDNAの支配から脱して（脱DNA）、人間存在を根本から捉え直そうとする新しい生き方の探索計画なのです。

『まんがでわかる　クライオニクス論』は、その「脱DNAプロジェクト」によって、2013年に刊行された『クライオニクス論―科学的に死を克服する方法―』の続編です。当時、クライオニクスという概念に関心を持っている人は、決して多いとは言えませんでした。しかしここ数年、世界中でコールドスリープなどを題材とした文芸作品や映像作品が増え、この分野への関心は次第に高まりつつある感があります。そこで、このタイミングを見計らって、私たちの魂の永続性を担保する科学的なアプローチについて、再び問いかけることにしました。

この作品は、当プロジェクトに2015年から所属し、その中心的メンバーの一人として活躍している気鋭の専門家で、理学博士でもある橋井明広氏によって描かれた近未来のブループリントです。前作がプロジェクトの立ち上げに関わる思想的なバックボーンを要約したものであるとすれば、本作はプロジェクトの具体的な行動指針を分かり易く紹介したものになっています。残念なことに、半世紀以上前より世に問われて久しい「究極の先端科学」クライオニクスは、全幅の信頼を置いて身を任せるほどまだ成熟しておらず、実用可能なテクノロジーにまで高めていくことが可及的課題となっているのです。

本作は、橋井明広氏の高度な専門知識と絶妙なタッチにより、前作の内容を分かり易く解説しただけでなく、更なるアップデートを行い、実用的なクライオニクスの確立をどのように完成させるか、という具体的提言を示しています。ロバート・エッチンガーによるクライオニクスの古典的文献にはじまり、いくつかの関連書籍が海外でも出版されていますが、クライオニクス技術に特化して論じられた解説本は、ほかにあまり例を見ません。従って、本作は「まんが」という媒体を使うことによって、一般の読者に理解できる表現がなされていますが、この分野に興味を抱く若い研究者の査読にも十分耐え得るものになっているはずです。

言うまでもないことですが、本作で挙げられた幾つかのマイルストーンをクリアしていくには、多くの人々の力が必要になるでしょう。しかし、かつて不可能と考えられた月への有人飛行を計画としたアポロ計画や、人間の全ゲノム配列を解読しようとしたヒトゲノム計画は、極めて短期間のうちに現実のものとなりました。現代の科学技術の進歩の速さと、それを支える数多くの人間がいる限り、クライオニクスの実用化も同じフェーズにあると言えます。この「まんが」を読まれた読者の中から、こうした意を汲み取って頂ける方が現れてくれることを心より願う次第です。

2019年1月

清永怜信

補足説明

（180ページの欄外注釈の補足説明）

近年のクライオニクスの動向と、アルデヒド安定化低温保存法（ASC）について

米国内では近年の動向として、新たに「アルデヒド安定化低温保存法（ASC：Aldehyde-stabilized cryopreservation）」という方法を用いてクライオニクスを行おうとする動きがあります。しかし、この動向については流動的であり、今後に既存の「ガラス化凍結法」に替わり、米国内におけるクライオニクスの主流になるのかなどについては、現段階では予想がつかないと考え、作品内のページではなく、別途に巻末の本ページで解説を行いたいと思います。

この「アルデヒド安定化低温保存法」の特徴は、「グルタルアルデヒド」という化学物質の使用により「化学固定」を行った後に、「ガラス化凍結法」による保管を行うことです。「グルタルアルデヒド」は、タンパク質のアミノ基をランダムに架橋する性質があり、生体組織を架橋により強固にします。つまり、「ガラス化凍結法」における「凍害保護液の使用に起因する脳内の微細構造の損傷」という問題を、「化学固定」により回避しようというコンセプトなのですが、この「グルタルアルデヒド」は生物にとって「最強の毒物」と評価してよいほどの強い毒性があります。「グルタルアルデヒド」には浸透性があり、そしてタンパク質をランダムに架橋して化学的に不可逆に変性させるので、「芽胞の状態のボツリヌス菌（100℃で数時間の過熱にも耐える）」をも死滅させるという強力な殺菌力を有します（殺菌力は強いのですが、もちろん人体にも猛毒であるので皮膚用の消毒液としてすら使用できません）。では、なぜこのような猛毒の化合物を人体に使用するのかというと、この「アルデヒド安定化低温保存法」は、生体として蘇生することを目的としたクライオニクスではないからです。生体として完全に蘇生不可能な状態で保管されても、形態学的な状態（外見上の状態）さえ良好であり電子顕微鏡による検体撮影が可能であれば、保管された患者と同じ人格を、遠い未来において「機械の上で再構築できる」という考え方で行われるクライオニクスなのです。

この「アルデヒド安定化低温保存法」には、主に3つの重大な問題点があり、1）そもそも機械上で複製した人格は本人であるのかという古典的問題、2）複製の過程についての技術的・予算的な問題解決の目途が全く立っていない、3）人格の複製に必要な情報量が保持できているのか現段階では不明と、どれも致命的と評価できる問題が未解決のままです。

参考文献一覧

(1)『クライオニクス論—科学的に死を克服する方法—要約版』、清永怜信（著）、星雲社（2013）

(2)『卵巣組織凍結・移植—新しい妊孕性温存療法の実践』、鈴木直（編集）、医歯薬出版（2013）

(3)『改訂第3版 脳神経科学イラストレイテッド—分子・細胞から実験技術まで』、真鍋俊也（編集）、森寿（編集）、渡辺雅彦（編集）、岡野栄之（編集）、宮川剛（編集）、羊土社（2013）

(4)『ネムリユスリカのふしぎな世界 この昆虫は、なぜ「生き返る」ことができるのか？』、黄川田隆洋（著）、ウェッジ（2014）

(5)『クマムシ？！—小さな怪物』、鈴木忠（著）、岩波書店（2006）

(6)『クマムシ博士の「最強生物」学講座—私が愛した生きものたち』、堀川大樹（著）、新潮社（2013）

(7)『クマムシ博士のクマムシへんてこ最強伝説』、堀川大樹（著）、日経ナショナルジオグラフィック社（2017）

(8)『老化と遺伝子』、杉本正信（著）、古市泰宏（著）、東京化学同人（1998）

(9)『ヒト細胞の老化と不死化』、井出利憲（著）、羊土社（1994）

(10)『超分子化学への展開』、有賀克彦（著）、国武豊喜（著）、岩波書店（2000）

(11)『分子認識化学—超分子へのアプローチ』、築部浩（編著）、三協出版（1997）

(12)『人体冷凍 不死販売財団の恐怖』、ラリー・ジョンソン（著）、スコット・バルディガ（著）、渡会圭子（訳）、講談社（2010）

(13)『地理統計要覧 2018年版・Vol.58』、大越俊也（編集）、二宮書店（2018）

(14) Furuki T, Okuda T, Kikawada T, Sakurai M：An Insect Life during Dry Season-Glassy Trehalose Acts as Water Replacement-. Netsu Sokutei 2009；36：105-111

(15) Fahy GM, Wowk B, Pagotan R, Chang A, Phan J, Thomson B, Phan L：Physical and biological aspects of renal vitrification. Organogenesis 2009；5：167-175

(16) McIntyre RL, Fahy GM：Aldehyde-stabilized cryopreservation. Cryobiology 2015；71：448-458

(17) Martinez-Madrid B, Dolmans M, Van Langendonckt A, Defrère S, Donnez J：Freeze-thawing intact human ovary with its vascular pedicle with a passive cooling device. Fertil Steril. 2004；82：1390-1394.

本作品の制作にあたり、この他にも多くの書籍・学術論文を参考にしましたが、
紙面の関係上、一部の参考文献のみを掲載しています。

姉妹書の紹介

『クライオニクス論』の書籍紹介

クライオニクス論
—科学的に死を克服する方法—

要約版

清永怜信　著

■2013年　星雲社　定価1200円＋税
ISBN 978-4-434-17545-9
(Amazonのサイトなどで入手可能。)

脱DNAプロジェクトのオフィシャルサイトの紹介

脱DNAプロジェクト オフィシャルサイト

http://de-dna.net/

脱DNAプロジェクトへの参加のご案内

本プロジェクトへの参加は、下記の2点が必須条件になりますので、よくご確認下さい。

1 現行のガラス化凍結法によるクライオニクスの問題点を、正確に理解されていること。

2 水溶液系で実用的クライオニクスの確立に挑戦する意味と、その重要性を強く認識されていること。

注意事項：上記の情報は、本作品の出版時の2019年1月の時点のものです。詳細につきましては、脱DNAプロジェクトのオフィシャルサイトにて最新の情報をご覧下さい。

本書は、制作時期の2018年における各関連分野の技術水準を念頭に置いて作成されています。技術的な背景は日々変化し、その変化は累積していきますので、年数の経過とともに本書の内容と時勢との間に差異が生じてくることに、ご留意下さい。また、本書を発行するにあたって、記載内容に誤りがないように、できる限りの注意を払い作成していますが、本書の記載内容に誤りがあり、それにより生じた結果に関して、著者、制作関係者、出版社ともに一切の責任を負いませんのでご了承下さい。

【監修】
清永　怜信（きよなが　さとのぶ）
脱DNAプロジェクトの代表者で、生物学領域の博士号を有する現役の大学教授。2013年に清永怜信のペンネームで『クライオニクス論』を著し、人間の新たな生き方の模索を行っている。

【原作】
橋井　明広（はしい　あきひろ）
化学領域の博士号を有し、2015年から脱DNAプロジェクトに参加し活動中。本作品『まんがでわかる　クライオニクス論』では、橋井明広のペンネームで原作を担当。

【漫画】
高原　玲（こうげん　れい）

（本書は、2019年１月に脱DNAプロジェクト委員会から電子書籍として発行の書籍を、紙書籍化したものです。）

まんがでわかる　クライオニクス論
未来を拓く新技術　実用的クライオニクスへの挑戦

2019年11月15日　第１版第１刷発行
2022年８月１日　第１版第２刷発行

監　修　清永 怜信
原　作　橋井 明広
漫　画　高原　 玲
企　画　脱DNAプロジェクト委員会
発行者　瓜谷 綱延
発行所　株式会社文芸社
〒160-0022　東京都新宿区新宿1－10－1
電話　03-5369-3060（代表）
03-5369-2299（販売）

印刷所　株式会社晃陽社

ISBN978-4-286-21255-5